做事先得學做人

職場生存必備學

職──場──新──態──度──！

目錄
CONTENTS

✚ 序   004

CHAPTER1

職場如戰場，工作想要如魚得水，就要先贏得主管的心

✚ 第一關就是團體面試，怎麼讓主管們印象深刻？   006

✚ 菜鳥就好欺負，難道真的必須一天到晚幫忙訂便當？   013

✚ 幫你倒茶又採買，我是公司員工不是你的私人助理喔   020

✚ 說話小心翼翼怕出錯，反而被誤會成辦事不力   027

✚ 事情都已經完成了，卻不敢比主管早離開公司怎麼辦？   034

✚ 被交辦不合理的工作，到底要虛心接受還是勇敢拒絕？   042

✚ 主管太情緒化，沒惹到他卻還是掃到颱風尾   050

✚ 我只想做好份內工作，卻得處理部門主管間的不和睦？   057

✚ 注重禮貌卻又擔心會被講閒話，過節該不該送禮給主管？   064

✚ 主管總是板著一張臉，難道我又做錯了什麼？   071

CHAPTER2

勾心又鬥角，想立於不敗之地，就得和同事結下善緣

✚ 資深同事常把工作丟給我，要怎麼閃才漂亮？   080

✚ 被同事算計扯後腿，如何反擊讓對方自食惡果？   087

✚ 看不慣別人講八卦，但是不加入會不會被排擠？   094

✚ 同事自我感覺良好，其實根本什麼都做不好   101

✚ 下班了累只想回家，同事們卻一天到晚約唱歌？   107

✚ 討厭又煩人的請託，怎麼拒絕才不會被當耍大牌？   114

✚ 部門整體業績差，怎麼可以算在我一個人頭上？   121

✚ 不是刻意搶功勞，但事情真的都是我在做！   128

✚ 被主管刻意比較，我該如何維繫夥伴間的關係？   135

✚ 突然調到完全陌生的部門，首先可以怎麼破冰？   142

CHAPTER3

人脈就是錢脈，想讓客戶對你信任又肯定，先從聆聽和包裝自己開始

✚ 公司內部的流程和規定如此，該如何請客戶諒解？   150

✚ 對方將合約改了又改，應該以幾次為限維持立場？   158

✚ 老愛下班、休假時聯絡，我可不可以上班時間再回信？   165

✚ 客戶口出惡言羞辱，難道真的有錢的就是大爺嗎？   172

✚ 穿得隆重被說誇張，穿得簡單又被嫌棄沒禮貌？   179

✚ 提案總是做不好，應該如何打中客戶真正的需求？   186

✚ 客戶只想拗降價，我該站在公司還是客戶的立場？   193

✚ 說話總是會出錯，該怎麼學習得體的應對進退？   201

PREFACE

序

　　「簡單的事你都不會做？沒腦袋？還是生來就笨？」職場之中，聽到令人沮喪的指責，說不會被打擊是騙人的。尤其對剛踏入社會，不熟悉職場文化的人而言，一度懷疑起自己，甚至對工作產生抗拒感。那是一種徹底將自己擊潰的無力，彷彿耗費再多心力都做不到位。

　　因此轉個念，將心思聚焦在做事，可又不熟職場生態或辦公室文化，導致想把事情做好，卻越做越差，落得裡外不是人。直到經歷反覆同樣挫折之後，才慢慢理解「做事之前，先學好做人」的重要性，可那些走過的冤枉路，一點也不少。

　　其實，不需正面衝突，運用些小技巧，藉由智慧逆轉在職場之中所遭遇的劣勢，化危機為轉機，自然可以關關難過，關關過。

CHAPTER1

職場如戰場，
工作想要如魚得水，
就要先贏得主管的心

 DOODLE SET
IN BUSINESS
• — CONCEPT — •

願意做別人不做的事、處理別人不管的問題，
你才能成為主管心中想要的人。

第一關就是團體面試，
怎麼讓主管們印象深刻？

新鮮人狀況劇

　　通常應徵業務、企劃、行銷、客服等工作，比較容易遇到團體面試的挑戰，一下子看到這麼多人出現在現場，心中肯定會先緊張與擔憂，尤其看到別人自信滿滿講出來的自我介紹，現場的壓力瞬間爆表，如何在眾多面試者之中脫穎而出，讓主管注意到你並對你印象深刻，便成為團體面試的重點以及需要克服的難題。

　　為何企業會選擇團體面試？主要是為了節省時間，在團體面試之中，可以直接看到面試者們彼此的互動，看出每個面試者在人群之間的表現和個性。尤其一些擅長安排團體面試的公司，往往會設計一些橋段，或是臨場小考題，讓面試者們聚在一起，共同討論或安排任務，觀察他們之間的互動狀況與每個人的溝通能力。

　　如果是業務類型的工作，則會特別觀察在陌生環境之中如何運用破冰技巧，進而開始與他人互動並贏取注意，甚至有的業務人員會主導局勢，成為群體之中較為亮眼的引導者。至於應徵行銷方面的工作，則會觀察他們能否展現行銷人員的特質，採取什麼方式跟不同的行銷人員切磋，以吸引或是影響其他行銷人員。如果是客服工作，主要觀察要點會是該員夠不夠活潑、會不會怕生，能否與人在溝通上通暢無礙。最重要的是，**集體面試不是自己一個人的舞台，而是一群人的舞台，怎麼在這其中被看到，才是面試時的關鍵。**

　　在各種類型的團體面試之中，有一項共同的關鍵任務，那就是──碰到團體面試的時候，你要怎麼從這麼多人之中脫穎而出？

　　一般來說，來面試的人看到團體面試，多會緊張與不安，彼此互動會有所保留，但其實面試者的一言一行，都記錄在面試官的眼中，有的面試官甚至會從現場錄下來的影片，觀察面試者怎麼在這場團體面試裡做到被人看到、被人注意、被人聚焦等。因此，「如何出眾」就成了一門重要課題，即使你的條件比其他面試者差，但在團體面試中的活躍表現，或許能讓你拔得頭籌，擊敗對手。

 **紀香的逆襲**

　　我曾面試過一份行銷業務的工作，當時並不知道該公司會進行團體面試，結果一到現場，一眼望過去有將近三十個人在現場，看到一堆人在那邊等的氣氛，當下覺得情況有異，因為同一時間要出現這麼多人，代表可能會是團體面試。幸虧我在面試之前，一定會做足準備，以防遇到超乎想像的問題。當天，我從穿著就特別花費心思，穿著我的面試必勝套裝——黑色及膝洋裝搭配白色合身西裝外套，放眼望去，我從服裝搭配上已略勝一籌，才剛踏進大門就順利吸引現場所有主管的注意。

　　接著，現場工作人員給我一份資料，「請你詳細填寫此份文件，由於這不是筆試，並沒有測驗時間的限制，請善加利用時間，盡量將資料填寫完整，等到一對一面試時，可供面試官參考。」從他的話語中得知，並非比誰寫得快，再仔細端詳現場工作人員，有些看來像是面試官，感覺得出來他們正在仔細觀察場內每個人，看誰寫到發呆或是注意力無法集中。對在場所有面試官來說，這是一個測試面試者時間分配能力的環節，所以我便適度調整速度，一步一步將面試題目好好寫完。

　　從開始填寫之後約四十五分鐘，現場工作人員喊說：「請依

序將面試文件從後方一一傳遞到前面，謝謝。」文件交出去之後，主管開始請面試者一一進入小房間。才一進去，面試官先問：「對於集體面試你有什麼看法？」突然被這麼一問，心頭震了一下，只好回：「還好，同樣都是面試，沒有什麼特別看法。」面試官又問：「事先不知道集體面試，會影響你在現場面試的情緒或意願嗎？」我很老實地回答：「是，會的。如果事先講，或許會比較清楚，而且面試是重要的事情，能事先說一下，對彼此都是尊重。」面試官笑了笑，他看看我，從我的回答很清楚知道我是個主觀意識較強的人。

　　每個面試者只有五分鐘的時間，面試完之後，分別又被叫回原本場地坐好。每個人一樣你看著我，我看著你，還是摸不著頭緒。五分鐘能回答什麼？我想大家的問號應該都差不多，只不過唯一能確定的是，回答什麼雖然重要，但是一群人坐在一起的表現，感覺起來同樣重要。我看當下沒有人講話，直接舉手詢問：「請問今天面試的結果，會在什麼時候得知？」現場工作人員回：「今天就會有結果，等一下會跟各位說明。」我又問：「剛剛面試這五分鐘，我們似乎沒有太多表達專業的機會，是否能再多給我們一點時間談談自己？或者是還會有後續的面試？」

　　這題沒有人回答我，直到一位面試官走出來。「很好，我很

欣賞你主動發問。沒錯，我們希望來面試的人，主動提出問題，不論是什麼，都會好過於我們主動說。你們是來面試的人，怎麼適時展現自己很重要，接下來，我會一一唱名，有被點到名字的人留下，沒有點到的人請依照工作人員的指示離開，謝謝你們今天來面試。」

三十個人，最後只留下五個人，而我是其中一個。其他二十五人，你看著我、我看著你，充滿著疑惑離開了面試現場。應該有些人抱持著「感覺好像被耍了」的心態而離開，而留下來的人，問題應該也跟我差不多——到底這公司葫蘆裡賣什麼藥呢？

我們五個人被留下來，現場工作人員整理整理之後，位置被排成一排，請我們一一入座，此時五個人併排坐在一起。面試官也坐定後，氣氛完全不同，因為一下有五個人坐在面前，工作人員一一介紹：「坐在正中間的是總經理，旁邊的是各部門副總與經理，他們負責今天面試最後一關，接下來他們會個別詢問，如果你覺得能夠回答，請主動舉手之後，被點到才回答。」

這下終於理解這場團體面試在做什麼，可是進行至此，已經好幾個小時過去，說真的還滿累人的。最後這關，面試官問了很多問題，全看現場的臨機應變。有一位面試者很主動，幾乎所有

的問題都想要搶著回答，後來面試官提醒他，「不是每個問題你都要回答，而是要想清楚你該怎麼回答，這才是群體面試的目的。雖然增加回答問題的機率可以爭取出頭的機會，可是好好回答問題，將問題的真正要點找到，才是重點，所以請謹慎與斟酌回答，謝謝。」原來，這也是面試的重點之一，從中看出每個面試者如何在群體中表現自我，過與不及，都不是最好的做法。

 **倖存者聯盟**

在面試前做好準備，讓面試官感到你是「有備而來」的，這當然是老生常談，說起來容易，做起來卻很困難。到底面對不知道會怎麼出題的面試官，我們可以怎麼做準備呢？首先，一定要搞清楚你應徵的是什麼工作和什麼職務，不管你懂不懂該職務的任務，都得事先找資料，盡量熟悉工作內容，翻書也好、上網問也好，一定要知道自己要去做什麼。同時，藉此知道該間公司營運概況，主力是什麼產品，產品內容與訴求各是什麼，千萬別漏掉；接著可以上網查找此公司過去有無進行團體面試的紀錄，如果曾經舉行過，一定要做好相應準備。

再來則是參考別人團體面試如何進行，網路上討論工作的論

壇多數能找到人們分享面試的經驗。團體面試大致變化不大，如何在一群人之中成為具說服力的那一位，並且沉得住氣聽別人發表，此時回答順序相對重要。如果你是第一位回答，後面的面試者或許會將你講不好的地方放大檢視，甚至拿你不足的部分當作實例發揮；如果是最後一位發言，或許面試官已沒耐心，可能根本聽不下去。如果能巧妙選擇回答順序，記得在中間回答會比較恰當。另外，找時機自告奮勇地主動回答依舊是個不錯的選擇，至少可以提高自身氣勢，壓過同場其他面試者。

如果已提早得知要團體面試，那你可以做更多準備。當其他人都是雙手空空、腦袋也空空地到面試現場，只要稍微多用點心，就能成功引起注意，才能讓面試官看到你的好。其中一種有效的方法是準備一些小道具，比方說印出來的圖像或表格，將口語內容轉換為更快速理解的形式，做成紙板或用平板電腦呈現都可以。一來可以讓人感受到你的用心，二來則是表現出你的組織邏輯能力。當大家都在差不多條件之下，設想得比別人多、做得比別人多，獲得機會也會比別人多。

與其靠著碰運氣找工作，不如拿出準備足夠的實力認真面對，把每一場面試做到最好。

菜鳥就好欺負？
難道真的必須一天到晚幫忙訂便當？

 新鮮人狀況劇

　　社會新鮮人們總希望自己學以致用，甚至在職場中有所貢獻，讓長年學習或累積下來的專業能力可以實際派上用場，藉此換來更多升遷發展的機會，得以在工作中不斷成長，獲得他人認同。然而，職場上總有新鮮人因剛踏入社會，歷練不足，所以被交辦處理一些較沒有人願意做的，例如跑腿、倒茶、訂便當、打雜、準備下午茶、影印、打掃等雜事。

　　便當訂多了，同事們是不是只要想訂便當就找你？當一位充滿熱血、熱忱的新鮮人，被交付的工作看起來像是雜事，或許心中會產生「我辛辛苦苦念到碩士畢業，甚至曾到國外進修過，來做這些事情應該嗎？不覺得大材小用嗎？」或是「我來做適當嗎？

別人看起來不會覺得怪怪的嗎？」之類的疑惑滿佈心中，若加上主管忙碌、同事們無暇顧及，被放置在一旁久了，多少會出現負面情緒，甚至擔心會不會因此被其他同事看扁、看不起？而主管們看不到具體表現，會不會給予消極、負面的評價，導致最後在公司失去存在感，進而澆熄對工作的熱情？

到底身為新鮮人，是否會因為較嫩、較菜，所以得做那些別人眼中比較沒有價值的事情？沒有價值的事情做多了，會不會最後只能做這類工作，導致其他正事不被看重，甚至因此被人瞧不起呢？這些，真的是來工作的意義嗎？

 ## 紀香的逆襲

工作已經好幾年的我，曾被老闆交付清潔辦公室的工作，當他親口說出：「紀香，請你負責將全辦公室的地板拖乾淨，還有窗戶全部清洗到發亮。」我非常傻眼，不知該如何是好。

心中冒出的第一個念頭是：「好歹我來這裡工作，是拿我的時間與專業來換取工作產出，甚至將曾有過的經驗，為公司帶來更有貢獻的發展，怎麼會變成來做清潔工呢？」想是這樣想，老

闆開口，我還是得做，尤其同事們都在一旁看著，縱使心中委屈，也說不出口。

老闆可能看我臉色不大好，試圖跟我溝通說：「紀香，換個角度想，我請你做的事情，是不是有點似曾相識？我注意到你投入工作的時間很長，相當專注，一忙下去連午餐都會忘了吃，可是你也會請同事幫忙買便當、文具、生活用品；偶爾忘了整理垃圾，同事們也會主動協助清理。他們有跟你計較嗎？或是因此看扁你嗎？感覺上好像也沒有。」

我點點頭，有點不好意思。老闆又說：「不管是共同維護公司環境，或很多小事、雜事，其實累積起來都會成為大事，每個人做著看起來微不足道的事情，可一件接一件推積起來，那就是營運公司日常的大小事。有些事情，或許你不覺得重要，比方說環境整潔，可是你的同事卻很在乎，而你幫他們清理得很乾淨，他們可能會因此而感謝你，不覺得讓同事們工作起來很舒服，也是公司營運中相當重要的事情嗎？」

老闆這樣說也是有道理，工作中往往都是彼此互相，如果只在乎、重視自己的事情，其他人日後可能會用同樣的方式對待你，導致大家都只以自身利益為優先。

某種程度被老闆說服後，我反問：「工作中每天都有各式各樣的大小事，尤其像我身為行銷企劃人員，事情又雜又亂又多，好像在工作中難以累積出像樣的專業經驗，現在做的事情對我未來發展真的好嗎？會不會我最後成為公司的打雜員工，或是沒有貢獻價值的員工呢？」

老闆一派輕鬆地回我：「照你這麼說，公司裡真正的打雜工應該非我莫屬吧！從掃地清理，到企劃案有沒有打錯字，再到換燈管，反正沒人做的事情我全部撿起來做，這些事情才真的是打雜吧？」

看見我臉上出現「好像有道理」的表情，老闆接著又說：「經驗累積不完全靠知識的吸收，比方說主管請你聯繫廠商，請他們報價然後比價，你應該覺得像是打雜吧？」我直覺回答：「是啊，這不是請行政總務同事去處理即可？」

老闆說：「找廠商這件事，會請你去聯繫的原因，主要是你了解自己手頭上做的事情，然後要將此事發給廠商處理，你是不是得多了解對方的程度，或是有什麼本事可以將你要他做的事情做好，並做出你能接受的成果？如果你亂找個廠商，對他又沒有概念，貿然將案子發給他，除了麻煩，對你而言不是問題更多？」

「所以我跟廠商聯繫的過程，他們提供我相關的資料，甚至要說服我將案子交給他們的過程，也是一種專業的累積？因為我能夠得知對方會怎麼做，以及他們的做法可能產生什麼結果，並且藉聯繫的過程，理解怎麼去掌控案子的品質，確保最後得到的成果一如當初所設定的嗎？」我好像稍微聽懂了點什麼。

老闆立刻回我：「完全沒錯！正是如此！你有抓到要領了。**工作中很多大大小小的事情，看起來不一定重要，可是要不要賦予該事情意義的人，是你自己。**如果你懂得每件事情執行的過程中，都可以從中發掘出有意義的內涵，學到的就是你的，不論經歷失敗挫折或成功，這都促成了你的成長。」

 倖存者聯盟

或許你在做的工作，真的就是雜事，但雜事能否有意義，端看自己的心態。如果期盼自己能在工作中創造較高的價值，理解「萬丈高樓平地起」的意義，對於接下來要面對不一定喜歡的雜事，也許比較能放寬心。工作上的事，很難嚴格去定義大事、小事、雜事或鳥事，只要是公司的事情，統統都是必要得做的事情，只是輪到誰去做，做的人又是什麼樣的感覺。適度地調整心情，

面對各種迎面而來的工作，認真地好好做，那些都會是一種累積。

或許你心裡會想：「難道願意多做一點，我就必須要一直負責這些沒有人願意做的事情嗎？這就是我在職場上的價值嗎？」其實你可以建議老闆或主管，現在沒人處理的事情願意先幫大家做，同時整理出一套方便同仁輪替的工作流程，日後建議同仁按照流程走，也可建立起類似值日生的制度，大家一起為公司做出貢獻。如此一來，你不但不需要永遠擔負這些責任，更可以將工作上的邏輯、組織能力派上用場，將這些看似紛亂的瑣碎小事，有條不紊地處理完成，替大家整理出方便的作業流程，令每個人都能 Working Smart。

被交辦不如己意的雜事時，工作守則第一條是「停看聽」。不論被發落工作時的狀態如何，**先別急著將情緒反應出來，因為在別人尚未看到你的優秀，卻因為你的情緒而遭到覆蓋，這是最不利於新鮮人的狀況。**有時候「做，就是了！」，然後在被交辦的任務中發揮自己最大的價值，讓自身能力有機會展現出來。別害怕自己只會是萬年打雜的小弟、小妹，因為當你接收到這些任務，就表示你獲得了老闆或主管的基本信任，而對方的確認為你有能力處理好事情。

　　在長久的職涯中，願意多做絕對可以讓人看到，或許每個人受到青睞的時間點不同，但是願意多做一些貢獻的你，肯定能創造出自己在職場中的價值，獲取一個別人難以競爭的位置。不要認為做了瑣事會被瞧不起或看扁，職場中，願意挽起袖子做事的人相對受歡迎、被需要。願意為公司、組織、團體貢獻的人，絕對不是因為沒經驗而被呼來喚去，而是在累積做事的經驗，未來的成果和成長都會展現給旁人看到。

IMPORTANT
ATTITUDE

願意做別人不做的事、
處理別人不管的問題，
你才能成為主管心中想要的人。

幫你倒茶又採買，
我是公司員工不是你的私人助理喔

新鮮人狀況劇

　　台灣的中小企業或家族企業，難免會遇到老闆、主管們要求部門裡的同事替他處理個人私事；小則買東西，大則幫忙照顧家中長輩，有時遇到這種非公事的要求時，想當面婉拒又不太適合，可是配合著做，感覺似乎不大對。尤其這種公私不分的狀況一多，想要好好跟主管、老闆溝通變得越來越難，特別是當他們覺得這些工作是理所當然時，做越多感覺越難抽身，明明不想做卻又說不出推辭。

　　當初面試時，並未提到要替主管或老闆處理他的個人私事，如果事先有說明白，在選擇是否要進入這間公司時，就會將這些要求放入評估條件之中；但講白一點，早知道會被迫做這些個人私

事的工作，必然不會放入考慮名單。眼見這類要求與日俱增，伴隨著主管、老闆一件又一件私人工作交辦下來，甚至跟公司營運項目無關，實在令人相當沮喪，根本不知道要不要再繼續做下去，但要是直接拒絕的話，可能會惹來主管或老闆白眼，不得他們的歡心。

身為社會新鮮人，難道只能逆來順受，默默成為老闆、主管們的附庸，為他們處理個人私事，用來換一個在職場上被關注與發展的機會嗎？這樣的工作環境是否健康？做了這些雜事，似乎辜負過去所學的一切，這樣真的好嗎？會不會在這累積了幾年資歷後，還是沒有辦法學到專業，最後被貼上私人打雜的標籤，導致工作沒有做出任何成績，進而影響未來的職涯發展？

紀香的逆襲

我曾經擔任一位管理十人規模的部門主管，主要負責產品開發與市場拓展，同時身兼幕僚身分，負責協助執行長、營運長們的日常工作。某日，突然接到意外來訪股東的要求，他看到人就隨便指名，要求我幫他照顧孩子，還毫不客氣地說：「那個你！立刻去幫我照顧小孩，他沒有人顧，你負責看著他。」當下真的

覺得莫名其妙，這種惡言惡行，早在同仁之間有所耳聞，卻沒想到會有一天發生在自己的身上。

為了避免造成無謂尷尬，我答應該股東要求，放下手邊工作，幫他看顧小孩。如此公私不分的狀況，讓人很不好受。幸好他的孩子並沒有太過吵鬧，很安靜的在一旁看著電腦，滑著手機。只不過，心中瞬間還是滿滿問號——身為股東，能如此隨意地叫公司職員為他做事嗎？雖然是股東，可是公司並非他的個人私有物，我來這裡是工作，不是為他做牛做馬，如果是出於情面就算了，可他不可一世的態度，讓人很難心甘情願幫他！被他指名的當下，心中有非常強烈的抗拒感，很想直接說不，但礙於職場情面，還是硬吞下去，雖然這會造成日後更多的問題。

第一次配合，因為沒有當下婉拒，給他嘗到甜頭，接著一有機會，總會將私事丟過來。有一次，我們聊上幾句話，他竟說出一番令人難以理解的話——

「要做大事，得先從小事做起，願意做別人不做的事情，才能成就真正的大事。像是多多幫我做事，我以後不會忘了你，工作中需要貴人的提拔，我可以是你的貴人，也能是你的惡人，知道怎麼做選擇很重要，多做一點，多爭取在別人心中的重要性，

機會到來時就是你的。」

這番話根本語帶威脅利誘，讓人感覺相當不舒服，但這樣似是而非的論點，沒有直接拒絕，似乎被他當成默認，之後開始落入所謂私人工作的無止盡循環。最開始，他把車子交給我開，說是這樣工作會比較舒適，沒想到卻成為日後接送他父母、小孩的專用保母車，每到上下班時間，一通電話過來，我人就要到位，稍微晚到還會被他臭罵一頓。更誇張的是，有次他要我去高級超級市場為他採買食材，只因為他很挑嘴，但又沒時間自己去，他的傭人正在家裡打掃，於是我就成為他的個人私傭。

隨著我越配合，他提出的要求越誇張。某天中午我接到一個很不可思議的指令：「你現在趕快到我家，幫我照顧我媽媽，她一個人在家沒人顧。」我摸不著頭緒，不懂他在說什麼，他又繼續說：「外勞因為一些問題，有事要去處理，我媽現在身體不方便，你趕快到我家去幫忙。」雖然心裡很不是滋味，但看在主管的面子上，我還是答應了。沒想到他媽媽竟然要我幫忙擦澡、按摩、活絡筋骨，我心中已經覺得忍無可忍，無法再承受更多，沒想到他竟然還打電話來訓我，說：「我媽說你處理得很差勁，不是很會做，你要多檢討懂嗎？」

　　我的工作不是只有當他的私人傭人，還有很多公司裡的事情要完成，每每為他處理完私事後，回過頭來又是無止盡地加班。後來，我被迫離開那份工作，自以為可以在工作中大展長才，卻因為被當成個人私傭使喚，最終沒能在工作中有所表現，還留下一股怨氣在心中無處發洩。

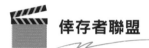 **倖存者聯盟**

　　遇到主管交辦千奇百怪的私人事務時，到底應該為了不傷和氣而答應，還是堅持自己的立場回絕呢？我認為，職場是大家來工作的地方，「公歸公，私歸私」，所以若就事論事，不屬於公司業務範疇內的事務，你有絕對權力拒絕對方，不要執行。更何況或許原先的工作已讓你忙不過來，再多增加無謂的負擔，只會讓原本的工作表現更差。說得直白一點，當你不說出「不」字，對方就會當你是默許、默認了；但若是拒絕又會得罪主管，那到底該如何是好呢？

　　其實，遇到主管交辦不合理的私人事務，可以直接告訴對方：「我很想幫忙，但手上剛好有一件緊急的工作，對公司來講同樣重要，也是您要我執行的項目。如果為了您現在要求的私事放下工

作，我認為不是很恰當。若這件私事對您非常重要又急迫，是不是請親近的家人或朋友協助會比較理想呢？畢竟我領公司的薪水，首要任務是做好公司給我的工作，這才是優先排序。您因為信任我而願意請我幫忙處理，我很榮幸，但我也害怕因此而拖累公司的進度，耽誤公司內部該處理的作業。」

若是遇到比較不理性或容易失控的主管，可能會回答：「我就是付你錢的人啊！」、「你就是該做我交辦的事情！」這種時候，還是要提醒你，把該說的話說出來吧！

事實上，你並不是老闆的私人用品，你也不是他的個人用具，如果老闆認為他因為付你薪水，就是用錢買了你這個人，相信我，跟這樣的人共事不是長久之計。

如果他用上述的方法反駁你的論點，我真心建議，盡快離開這類主管，放棄這種工作環境；因為對他來說，你只是用錢就可以買到的工具，最後也只會被他隨意地差遣來、差遣去，而不是重視你在這份工作上可以貢獻的價值。

過去我的確因為工作不好找，所以遇到這些事就默默接下來做，不懂得表達自己的意見，也沒有辦法推掉這種私人工作交辦。

相反地，其他比較資深、歷練豐富的同事，都會技巧性推掉非公司性事務。久而久之，主管或老闆就知道可以一直來找我，因為我不懂得說「不」。累積到最後，我不但接下一堆不相干的雜事，連原本該做的工作也表現得不理想，而主管也不可能替我講話，因為對他來說，我就是辦事不利，所以才做不完自己份內的工作。

所以當你遇到這樣的狀況，一定要記得就事論事，秉公處理。清楚明白地告訴主管，今天一旦接下他的私人請託，對你原本在執行的工作會產生多大比例的影響，而這不只是你一個人的事情，甚至會因此拖慢整個部門或全公司的進度。比起默默隱忍，更應該好好重視自己在職場上的價值。

IMPORTANT
ATTITUDE

今天你領的薪水，
代表的應該是工作上的價值和成就，
而不是一句「我付你薪水，你就該做我交代的事情！」，
就輕易把你的工作成就給抹滅！

講話小心翼翼怕出錯，
反而被誤會成辦事不力

新鮮人狀況劇

　　初踏入社會的新鮮人，在工作中為求穩定表現，擔心自己因經驗不足或不小心做錯事，造成說錯話，甚至禍從口出被究責，因此對主管或同事講話可能會比較小心，以免說錯話，導致同事們觀點不佳。有的人，為了謹慎以對，寧可將話放在心中，不肯說出來，避免多說多錯，甚至引起不必要的誤會。

　　所以有一部分新鮮人，喜歡將「我不擅長溝通」掛在嘴邊，或者是在會議上看到部門裡一來一往的嚴肅對話什麼感到緊張害怕，拿捏不準說話的時機，導致在報告相關工作時，報喜不報憂，對問題避而不談，主管得主動詢問才能得到答案，這都會影響主管對你的印象，嚴重一點還會給人消極被動的負面觀感。

　　講話詞不達意、報告得不清不楚、事情交代得沒有條理與邏輯，甚至畏畏縮縮地談論工作內容，都會令主管或同事在看待你的工作表現時，有很高機會產生相對較為負面的觀感。

　　工作中有一大部分的重心依舊來自於溝通，能否在表達與溝通上，不因工作表現的好壞而被影響，對於職場新鮮人來講，是一門相當重要的課題。更刻意一點，遇到心機較重的同事，有可能被解讀為很假掰，故意在工作中裝出乖乖牌的模樣，騙取主管或老闆的印象。

　　話怎麼說得巧、說得好，會是一件相當重要的事情。做得好，職場升遷沒煩惱；做不好，職場升遷全煩惱。

紀香的逆襲

　　我曾受執行長之命，擔任中高階主管，以新人之姿扛下網路事業部，不只要帶團隊還得自負盈虧，對經驗尚不足的我而言，心中滿是惶恐。位置還沒坐熱，每天應付大量成本與營收報表，根本搞不清楚成本怎麼管理，執行長急著要我上台報告部門經營績效。在一場眾多主管群聚的會議上，執行長因特別賞識我，希

望我能好好報告網路事業部的經營績效。為了呼應他對我的看重，希望留下好印象，我省略了不少難看的數字，只是特別講些較好的成果。

網路事業部是公司重點經營項目，當年度投入非常多資金開發平台，從電商、交友、電子書、預約系統等，無一不放過。執行長認為歷經一波網路泡沫化之後，更要抓準時機在網路上奠定基礎，深耕公司在網路上的業務。我被賦予重任，擔當社群交友、內容平台、實體產品開發的工作，主要任務是做出能吸引網友加入會員，並且花費儲值的功能，同時還要能夠讓網友們反覆來訪，願意長時間黏著在網站上。

那一場會議的報告重點，應該是聚焦在「會員總儲值金額、平均儲值金額、儲值消化率」上，但因過去沒有經營事業的經驗，從報告來看，幾個要報告的數字重點相當難看，甚至可以說連講出來都覺得很丟臉。不過，又不能不報告，恰巧在網站服務使用頻率上，有大幅增加，因此我選擇對自己比較有利的「會員數、訪客數、瀏覽數」來報告，試圖美化報告結果，獲得執行長的肯定。

報告才從口中說出來，立即看到執行長面色有點凝重。執行長不是門外漢，他一開始算是給我面子，給新人機會，將球做給

我，如果當下把我罵得很難看，網路事業要推動，肯定在其他主管心中成為大問號，所以他告訴我：「紀香，你表現得不錯，平台有在成長喔！請多加油，讓大家期待的網路事業有更亮眼的成績。」柿子挑軟的吃，此時我已犯下最大的錯誤，因為執行長的寬容，反而讓我自以為這麼做是對的。

於是接下來每週的週會以及每月的營運會議報告，我都選擇避而不談那些對我不利的數據，試圖粉飾自己在工作上的表現，也不過度去搶其他部門主管的風采。雖說如此，網路事業的所有數據，還是得同步提供給執行長，整體狀況好不好，其實他一清二楚、瞭若指掌，我無法隻手遮天，並非不報告就代表執行長不知道。有一天，對我在報告工作績效時刻意的避重就輕，執行長終於忍不住爆發了，當著其他主管面怒斥了我一番。

「你以為不講別人不知道？公司不是慈善事業，你沒有講出口的問題才是真正的問題，每回只報喜不報憂，公司就會活得好？每天一開門，公司都得花錢，那些花掉的錢要想著怎麼賺回來，我們不是賺空氣，要賺的是真金白銀，可以拿來發薪水用的，像是發給你的薪水！不是一堆會員數、瀏覽數、訪客數！有些東西你能裝傻，但營運事業給我裝聾作啞，公司會出事的！」

被執行長罵完後，只能摸摸鼻子吭也不敢吭地坐下。一步錯步步錯，是我的寫照，自以為是，越害怕犯錯，越不敢在一開始面對自己的弱點，導致洞越挖越大，傷口也越來越開，本來只是小傷小痛，好好面對並且處理妥當，事情也許不會發展到如此激烈。到最後，我不是一個夠格的主管，更無法扛起網路事業，只落得一個選擇，即使我再不想要，還是得承擔一直以來害怕問題、隱瞞問題、逃避問題的傷害。

後來，我被執行長開除了，他以非常嚴厲的態度要我離開公司。那一次，我才真正理解，不論事情往好或壞發展，只有面對、正視問題，並且想辦法克服，才能展現自我價值。

倖存者聯盟

身為社會新鮮人，如果你很害怕向主管報告，甚至擔心因為說錯話而被責罵，就越容易在這方面犯下錯誤，因為被情緒綁架的你，導致行為脫序無法正常表現，進而會帶來的影響層面更廣、更深。在此，我建議害怕犯錯的你，甚至是不敢跟主管提起會被責罵的事情，請好好的多做練習和準備。如果你不熟悉和主管溝通的方式或要報告的內容，請提早準備。經歷足夠的練習，自然

熟能生巧，做足了準備，當然就不怕被壓力問垮。

以我為例，如果事先知道有個很重要的會議，通常我會提早三天或五天準備，去想像、揣摩、沙盤推演會議中可能發生的情境和對話。試想對方可能提出什麼問題？應該怎麼回答？答案有多少種？哪些答案是我適合講的？哪些則是會伴隨著風險？如果對方給出答案不如預期，我又該怎麼應對？先設想好最差的狀況，再從最糟糕的處境中慢慢推想出其他比較好的可能。把每一個可能性推敲出來，才能在溝通過程中，一步步導向預想的最佳結果。

沒有絕對百分之百順利又有效的溝通，再強的頂尖銷售業務還是會吃鱉。提醒大家一個很重要的觀念：如何在溝通過程中，找到對方最在意的事，並針對這件事情做沙盤推演，這才是溝通無礙的原則！如果不做任何準備，對於溝通總是碰運氣含糊帶過，可能只會得到災難性的結果。運氣好，大家相安無事下次再來；萬一運氣不好，彼此兩敗俱傷不再往來。

害怕上台報告不會改變既定要做的事，請記得，千萬別傻傻地把準備不足的自己推上火線，務必事前做好充分準備，用熟悉的方式反覆練習，也可請同事、朋友陪同演練。把心中想講的重點、主軸一一條列好，順過想要報告說明的脈絡，想清楚，有什麼事

項需要主管建議，哪些決定還要主管再次確認，把關聯性資訊烙印在腦海裡，反覆操練之後，不但較能抓住說話節奏，也可讓自己安心，降低溝通或會議前的害怕。

　　與其謹慎小心到讓別人誤會你沒信心、沒能力，倒不如做好充分練習和準備，大膽把問題解決掉，讓別人認為你是真正有備而來，而不是抱著得過且過的心態。

　　多數人真的沒有那麼好運，低空飛過一兩次是僥倖，可第三次也許就撞死自己。隨時做好準備，認真面對處理問題，才是一勞永逸的解決之道。這就是殘酷的現實。

事情都已經完成了，
卻不敢比主管早離開公司怎麼辦？

新鮮人狀況劇

　　來到新公司後，新鮮人難免會聽到「最菜的人，不能最早走」、「主管還沒下班，你也不能下班」、「大家都在加班，你不可以先下班」這類令人匪夷所思的潛規則。即使到了公司規定的下班時間，身旁的同事幾乎沒有人離開，此時最資淺的你，或許會感到兩難，到底要走還是不走？

　　按照原本談好的工作勞務條件，下班時間已到，工作也做完了，眼看四周卻沒有人離開，很怕自己成為異類，走出公司大門時被投以目送禮，又不能主動開口去問主管能否下班，萬一被主管貼上標籤，以後在公司就難有發展了。

更嚴重的是，有些公司還硬性規定菜鳥員工不能比資深員工早下班，必須等到大家都下班了，負責檢查辦公室環境、整理文件與雜物之後才能下班。想走卻不能走，心中的焦慮不知該如何消解，萬一未來每一天都得這樣度過，怎麼辦？光用想的就讓人覺得前途一片黑暗。

 **紀香的逆襲**

我常在不同場合演講時，提到職場話題，最常舉一個例子：那一次，我到忠孝東路五段上的某間設計公司應徵，面試官先數落一輪我的作品，然後言談之中，反覆不斷強調：「我們公司很晚下班，沒有準時下班這回事，而且還要配合專案的需求，需要加班，沒辦法接受的話，你就不適合這公司。」當下聽到時，覺得相當納悶，一般公司主管應該講求工作效率，越早完成工作，越早離開公司才對，怎麼會刻意強調不能準時下班，難道加班是件值得炫耀的事情嗎？但我還是不顧恐嚇地得到了那份工作。

第一天上班到了晚上七點左右，眼見下班時間已到，我拿起包包準備下班，望了望四周，卻發現沒有任何人離開座位，便自己默默地走出去。隔天上班，我想跟主管討論手上一份被交付的設

計工作，主管反應相當冷漠，態度愛理不理的，似乎不是很喜歡我這個人。眼見手上的事情還是得做，只好再去找其他同事討論，確認客戶要的設計風格與內容，同事們也對我不理不睬，要我自己想辦法。最後，實在摸不著頭緒，跑去問老闆應該怎麼處理這個專案。

　　才踏入老闆辦公室，他就一臉不悅地說：「聽說你昨天很早走喔？」我回：「按照公司規定，下班時間到了，我想說沒什麼額外的事情，手邊也沒有被交辦特別趕的工作，所以就自行下班了。」老闆回說：「主管跟同事都還在工作，他們都還沒下班，為何你擅自先離開？下班不用講的嗎？」我心中瞬間冒出巨大疑惑：「為何主管跟同事沒離開我就不能下班？」老闆竟直接告訴我：「面試時，你不是已經知道我們這邊都很晚下班了嗎？」

　　我不解，「依面試官的說法，我認為工作忙到做不完才有需要加班，我昨天第一天到職，事情還沒有很多，為什麼要留下來？難道老闆的意思是指，大家還沒走，我就不能下班？」老闆毫無猶豫說：「對！」忍不住心中疑惑跟莫名，我直接回一句：「我又沒有特別的事情，乾坐在那要幹嘛？」老闆回答我：「我不管你要幹嘛，別人還沒走就輪不到你離開，這就是團隊啊！團隊就是應該要大家一起走，而不是像你這樣把他們丟下。」

　　什麼？為何會變成一個新鮮菜鳥將團隊丟著而離開？老闆的回答，讓我心中產生很大衝擊。我回答老闆：「我才剛來第一天，工作被指派的項目，並未多到令我得特別留在公司，而且我也是做完手上的事情才離開，並未將工作丟著不管，或是丟著團隊不理！老闆你這邏輯很不合理！」

　　這下果然激怒老闆，直接嗆我說：「如果你不能習慣這樣的公司文化，那你就離開吧！台灣的廣告、行銷與設計公司都是比晚下班的，不可能有菜鳥比工作五年、十年的資深人員還早離開公司，是你沒有搞清楚狀況！門外漢！」

　　當下我真心無法理解此公司文化，不過才到職第二天，我還是虛心請教，「可否先談好一天工時多長，按照工時上下班，我願意提早一點到公司，但是能否讓我準時下班？我希望有一點個人的時間。」畢竟事情做不完是他們的問題，為什麼我必須留下來陪他們，甚至被說成沒有團隊意識的人？

　　經過這樣一場激辯，我其實已經覺得很累了，老闆顯露出不想理會我的態度，也不想再多講，揮揮手要我出去，「你自己走著瞧吧！」

才離開老闆辦公室，部門主管可能聽到辦公室裡的對話，刻意過來對我說：「你以為這個世界是繞著你轉的嗎？」我還摸不著頭緒，不清楚怎麼會突然被扣上這麼大一頂帽子。主管繼續說：「在這間公司，大家最少熬到晚上十點多，忙碌時，甚至到半夜一兩點也是常有的事。你身為一個新來的資淺菜鳥，竟然沒有自覺去看看周邊的人在忙些什麼，而是時間到了就離開，你難道不能去問別人有什麼事情要忙的嗎？」

我沒有回答，只是心中依然充滿疑問：「我第一天報到，手頭上的工作不多，如果今天有需求當然可以告訴我，讓我來處理。」

經過連續兩場會議後，有點意興闌珊。到了中午時間準備要用餐，竟然沒人約我出去吃飯，孤伶伶地被丟在辦公室裡，只好下樓買個便當回辦公室一個人吃。等到大家用完餐回來，其中一個同事對我說：「你不適合這邊。」

我心裡想：到底是有多愛加班，或是對這公司如此有愛，才能對一位才剛到職第二天的人，用如此嚴苛標準與態度來看待？當公司文化已深植在員工心中，大家都默認也遵守著這樣的規則，就會難以包容與自己想法不同的人。

實際觀察他們的工作文化之後，逐漸理解他們長年下來，靠著這番文化淘汰一批又一批不符合該公司文化的求職者，才留下這群習慣長時間工作的族群。我身為一位「外人」，很快就看出他們的工作脈絡——大部分的人白天顯少在做工作方面的事情，可能因為知道老闆喜歡看大家在公司熬到很晚，所以白天應該工作時，要嘛上網逛拍賣看新聞，要嘛因為前晚熬夜還在恍神無法聚焦，得等到下午回過神來才有辦法開始工作，也難怪每天習慣待到那麼晚。

第三天一早，我就直接提出離職，頭也不回地離開這間變相加班文化根深蒂固的公司。

 倖存者聯盟

身為社會新鮮人，當你遇到主管提出不能準時下班，硬性規定配合加班的不合理要求，到底該怎麼做？其實說穿了，職場生活講究的是長期文化，如果你認定這個公司文化無法接受，從一開始感覺到苗頭不對，就應該立刻抽身。畢竟，勉強很難長久，雙方互相為難久了都是傷害。職場上，不是誰去將就誰，而是在合理狀態下，由團隊共同形塑出良性正向的公司文化。如果單憑誰的工

時比較長、誰在公司待得久、誰比較沒價值去判斷工作好壞的話，
我建議你好好評估清楚，是否真要在這種公司文化中委屈求全。

職場修羅道之中，有太多積非成是的事情，比方說為了討好
老闆，影響自己的休息或下班時間，最菜的新進員工，看著不合
理工作量滿佈到天邊，導致必須晚下班，對人生的長期發展來講，
並非最好安排。當然有些工作型態會需要加班到比較晚，例如只
能在傍晚下班時段做的業務開發，但是這種工作也不會要求一天
到晚一直打業務開發電話，而是以排班制來協調工作時段。

身為新鮮人的你，面對看似不太合理的需求時，要先從了解
工作文化著手。比方說真的很喜歡這個工作，是這輩子很想待的
公司，就要懂得拿捏，對於工作型態還有需付出的成本與代價能
否接受，一定要先想清楚。如果不能接受，請你試著跟主管溝通。
但如果涉及公司文化層面，溝通不一定會產生改變，只不過有過
雙向溝通，令部門主管知道你的心態，也比較能判斷你是否適合
在此公司文化下長期合作；如果他覺得無法接受，至少雙方可以
大概知道這份工作也不用做長久。

別因自己資歷比較淺，或剛進一間公司想要試著強迫自己去
忍耐，該講的還是要講，面對自認為不合理的要求，向主管或老闆

表達自己的看法，適度讓對方知道自己是怎麼想的很重要。**工作不是誰來將就誰，而是怎麼互相扶持創造團隊績效。**現在的社會風氣，只要在合理狀況下，我想多數人都能夠聽得懂；如果遇上刻意裝著聽不懂的人，甚至沒有辦法好好溝通，我認為，該公司本質上就已充滿問題，即使想要做久，真的勉強配合也難以長久，既然如此，就不需要想太多，趕緊換工作吧！

　　找到一個真正適合自己的舞台，才是你該追隨的文化。

被交辦不合理的工作，
到底要虛心接受還是勇敢拒絕？

 **新鮮人狀況劇**

　　職場裡充斥各種光怪陸離的現象，像是主管或老闆不合理的要求，對新鮮人來說，到底該做還是不做，總成了討論熱度最高的話題。是不是因為自己比較資淺、比較沒有經驗，因此得內建「逆來順受」的技能，縱使要求再不合理，都得想辦法接下來，只因為自己沒有說不的權力？還是說可以鼓起勇氣動之以情，說之以理？說是這樣說，真的敢拒絕不合理要求的人還是少數，通常會摸摸鼻子先做再說，等事後再來抱怨。

　　遇到這種狀況，到底要怎麼看待？主管、老闆到底是在折磨你，還是給你磨練的機會？這些會不會都是他們刻意用甜美外衣包裝好的毒藥，試圖令新鮮人在沒有辦法也沒有本錢說「不」的

狀況下，逼迫他們吞下這顆毒藥？說實話，這狀況見仁見智，每個人動機不同，有時不合理的要求，往往只是沒人願意做，主管看你比較好呼喚，直覺找你去做。不用特別猜測主管立意為何，雖然不能否認有些主管做事習慣不好，甚至會刻意安排一些讓人覺得奇怪的不合理指派，但是否應該接受，就成了大哉問。

偶爾會聽到主管或老闆交付工作時特別加重語氣強調：「這份工作很重要喔！對你未來升遷大有幫助，接下來好好做，機會肯定在前面等你，你是公司重要的一份子，有你來做這件事情，即使看起來很難，或者不是那麼適當、適切，但你要是願意做並且能做好的話，未來發展指日可待。」聽到這種迷湯，好像真有那麼回事，可心裡卻很明白，這並非他們的真心真意。

如果拒絕該份工作，等於把機會推開；但如果接下超出自己能力範圍的工作，又可能搞砸，擔心從此在公司被貼上負面標籤，導致所有人都對自己抱有不好的印象。做也不是，不做也不是，著實令人感到煩惱。走在選擇兩難的十字路口，沒有足夠的智慧與經驗去面對，沒做好可能把工作丟了，做對了也頂多被人說運氣不錯而已，好像怎麼看都不是最有利的狀況。

 **紀香的逆襲**

　　身為網路事業部經理，老闆有一天突然把我叫進辦公室裡，語重心長的先跟我聊幾句，然後突然切到他的重點：「公司現在需要擴張銷售通路，看起來你是比較適合的人選，我跟幾個主管討論過，他們都推薦你去做，我想通路拓展就交由你來處理，做得好以後在公司一定大有發展，你就全力做吧，讓大家對你有更高的評價。」

　　從老闆的口氣之中，我好像沒有說「不」的機會，而且他似乎已經很肯定要我做了，感覺不太可能推辭，即使手上工作已經多到滿出來，可是當下又無法拒絕，只好硬著頭皮接下這重責大任。

　　其實我過去根本沒有談通路合作的相關經驗，而且不具備任何相關資源與人脈，很多事情對我而言極端陌生，該怎麼進行，概念全無，只有強大的無力感伴隨著。或許，老闆認為我企劃能力還不錯，懂得用腦也擅長組織各類資訊，期望我試著用企劃累積下來的能力，佐以他讚賞的邏輯組織能力來完成此工作，不論我怎麼猜想他的動機，都無法改變我必須開展這份工作、並在短時間內做出成果。說白一點，此工作內容就是與通路洽談上架並販售公司的飾品、周邊、玩具，我必須在半年內將幾個大型賣場

談下來，然後盡快將商品上架、售出。

抱持著猶豫心態接下來的工作，是有些迷茫，可是聽到老闆講到那些有點像是灌迷湯的話，聽著聽著還是很舒服，莫名感覺到被重視的喜悅，深深感到被老闆認同的歸屬感。畢竟對公司來說，拓展通路是件重要的事情，既然接到這份工作，肯定是我在主管和老闆的心中有與之相襯的地位和能力。不過事實往往沒有那麼單純，有一天同事跑來說：「聽說你接下通路拓展的事業？」我回：「對啊！」同事竟然接：「你真的是！那份工作已經逼走好幾位主管！很多人都受不了老闆每天給的壓力，而且週末還要去通路現場，工作負擔非常重的！」

等到同事告訴我真相才反應過來，原來這是個沒人想接的苦差事，所以才會落到我頭上；而且要是表現得不好，可能難以生存下去。此時我才發現自己完全被老闆話術沖昏頭，但事態已無法挽回。執行的第一個月非常痛苦，因為完全沒概念，不知道通路要跟誰洽談，合作重點是什麼，我選擇硬碰硬，試著打電話到家樂福、大潤發等賣場，想進一步接觸，卻發現我連要跟哪一位窗口接洽都不知道。當年二十多歲的我，沒有相關工作經驗，被交辦相當不合理的工作，老闆又追得很緊，心情極度挫敗。

　　我一度想說不要做了，因為再做下去狀況也不會好轉，甚至可能直接賠上這陣子的心血和未來的發展機會。但矛盾的自己，偶爾心中會浮現一個聲音：「如果這次逃避了，難保下次不會再碰到類似的工作，難不成日後再碰到時，要直接拒絕嗎？人生能有多少次機會，讓我可以接下這種有挑戰性的工作，並且在眾人的見證之下，證明自己有能力，或是展現自己的本事，獲得人們更多的認同？不管如何，只有掌握現在的每一分鐘，盡力做好才能翻身。」

　　熬過第一個月的自我掙扎跟衝突之後，堅持硬著頭皮做下去，不要給自己找回頭路，持續向前才是做好此事的最佳做法。我邊做邊修正原本的方法，不停學習與整理每一次往來的過程，試圖改善每一次做不好的結果；並且強烈催眠自己，熬過一次又一次的困難，經過不停的做，不斷的前進，肯定會有好事發生。

　　這時恰巧有別部門的同事知道我正在努力談通路，把最近認識的通路經理介紹給我認識，這才終於感受到一點曙光，不然在這一個月裡，伴隨著全是絕望與無力。

　　我曾認真思考過為何老闆特別挑選我做這件事，難道我特別優秀嗎？還是老闆想要重用我呢？經過跟周遭單位的同事們聊過，

最後得到的答案是：「很多人都拒絕這個工作，只有你這個傻子，為了要爭取表現而一口答應！」

　　雖然從結果論來看，做得還算順利，可是回想起老闆灌迷湯的那些話語時，再遭遇過程中無數的磨難，會不會後悔答應接下這工作？答案很肯定，既然都是工作，就沒有後悔的本錢，老闆本來就可以命令我去做，要是我不做的話，他大可開除我再找別人，我也沒機會證明自己還有點本事，會做出一番名堂來。

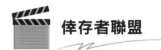

倖存者聯盟

　　身為經驗不足又專業度還不夠的職場菜鳥，面對主管交付難如登天的工作，到底應該怎麼處理？我建議可以秉持著「有做就有成長」的心態去學習。我常碰到有人面試時會說：「希望可以在工作中學習與成長。」接下那些未曾有過經驗的工作，看似不合理的交辦，正是學習成長最快的管道，即使過程中充滿了痛苦、絕望和滿到溢出來的壓力，可也只有願意點頭，機會才會離你越來越近，學習才有管道能夠繼續前進。如果輕易說不，未來想要做些大事或未曾嘗試過的事情，面對未知領域的經驗值就會不夠。

當有新任務、新挑戰出現時，適時轉換認知模式很重要。千萬要記住，不要被一時的興致沖昏頭，首先要站在客觀立場評估該項任務的狀況，想想自己當下狀態可否承接，不要老闆或主管稍微稱讚一下就順口答應。先妥善分析該項新工作和目前執行中的工作差異在哪裡、困難度是不是天差地遠？先想過、評估過，再以客觀立場回覆主管、老闆，帶有邏輯與組織的對答，會令交辦工作的那一方知道，即使眼前的人沒有經驗，但說出的內容有條有理，也不會讓這個難度過高的工作交付起來像是在賭運氣。

思考過工作任務內容後，如果想接下該份工作，別再遲疑，趕緊開始思考後續執行計畫，按照計畫推動。不要花心思去揣摩主管、老闆的心態，他們是不是要栽培你、特別愛你或打算重用你，才將執行難度較高的工作分派給你，都不重要，對老闆或主管來說，你做得好是應該的；要是你做不好，頂多是他看錯對象，換個人再來就好。不論答案是什麼，知道他們的動機與心態，並不會改變「把事情做好」這個前提。

回到自身立場來看，無論你做得好不好，都可從中學習到經驗或教訓；要是在第一時間拒絕這份任務指派，或許以後其他機會將離你更遠。畢竟在職場上，越常說出「不」，習慣性將他人拒於門外，看在別人眼中可能會認為每次有機會提供給你，應該

都會被拒絕，未來又怎麼可能還會主動找你呢？但要是每件事情都說「好」，累積越來越多工作，導致承受不來，到最後還影響原本能上手的簡單小事，連最基本工作都做不好，一樣得不償失！建議還是要量力而為，先「停看聽」小心應對。

IMPORTANT
ATTITUDE

聰明工作是要做對的事情，
而不是在事後才想辦法把事情做對。

主管太情緒化，
沒惹到他卻還是掃到颱風尾

新鮮人狀況劇

　　情緒問題在職場之中算是普遍常見的狀況，尤其有些主管平常情緒管理不佳，常常大事小事都會先找自家部門同事的麻煩。新鮮人在尚未了解部門各種潛規則之前，誤踩地雷的比例通常偏高，而且可能踩下後自爆的不只是自己，還連環爆到其他同事身上，導致成為部門中最黑、最不受歡迎的人物。

　　每個人對情緒的處理方式都不同，有些人或許會採取較激進的方式宣洩，若是身居高位，就會令一群部屬難為又難做。有些主管脾氣一來會摔東西、講話大小聲、拍桌咆哮、踹垃圾桶，不但在辦公室裡對同仁們沒禮貌，甚至會直接在電話中向客戶開罵。到底遇到這種主管的比例高不高？依照我的經驗來看，這算是滿普

遍的職場文化，每家公司或多或少會有一、兩位這樣的麻煩人物，不但讓同仁們整天提心吊膽顧慮他的情緒，可能連老闆都很為難。

或許還是職場菜鳥的你會覺得莫名其妙，EQ 那麼差的人，怎麼可能做到主管高位？還有，脾氣如此糟糕，整個部門的人又是如何共處一室？難不成大家的修為都很高，逆來順受早就習以為常了嗎？或許，人會生氣是其來有自，可能他經歷許多我們難以想像的過往，而這些往事讓他的脾氣往負面方向增長，這真的是個人修養問題。

紀香的逆襲

我們公司的業務經理，脾氣差又很愛罵人，公司上上下下都知道，尤其身為行銷人員，座位恰巧在業務部旁邊，天天聽到業務主管在位置上謾罵同事，早就習以為常，甚至有時會打趣的說：「今天怎麼還沒有爐主出現？沒有人被罵感覺不大對勁，是不是業務經理今天沒進公司？」但其實沒有人喜歡他在位置上飆罵，被他罵過的菜鳥業務通常也做不久。

有一天，我一早進辦公室，連早餐都還沒吃完，隔壁座位就

傳來響亮又刺耳的聲音，業務經理開口對同事大罵：「一早來不趕快準備報告，還給我慢慢吃早餐！等一下報告不好的話，包準讓你們難受一整天！」眼見坐在我旁邊的同事，緊張得一口接一口吞完早餐，還沒喘口氣，業務經理又說：「業務會報結束後的客戶拜訪計畫有沒有做？昨天說要做的客戶後續追蹤，今天什麼時候處理？打算用什麼樣的方式跟客戶說？」

九點進公司，還不到九點半，經過業務經理的咆哮之後，沒醒腦的包準醒腦，沒準備好的，大概也嚇到命去了半條！這位業務經理，因為在公司業績表現非常優越，備受老闆重視，在公司裡幾乎可以說是橫著走也沒人敢動他。可也因為如此，他對內部同事常常很不禮貌，嚴重的時候甚至會指著對方的鼻子、甚至用手指戳同事的頭，要對方好好反省檢討，搞得每個人跟他相處都壓力很大，深怕一個不小心就讓辦公室風雲變色。

身為行銷協同人員，業務會報我也要參加，每次開會都讓我覺得很痛苦，業務經理不是拉高音量數落業務，就是大罵業務：「你是腦袋裝屎嗎？這都不會做？進度怎麼慢成這樣！業績要多久才能補上？世界是為你而轉的嗎？沒腦袋又不會做事，到底公司要你的價值何在？給我滾出去！」連續被他重磅攻擊，業務常常一臉低落地離開會議室。雖說被罵的不是我，可是以旁觀者角度來看，

感受也很深。心裡會深深疑惑，又不是在管教不聽話的小學生，有必要這樣罵人嗎？

反正每天早上的例行謾罵，全公司都已經見怪不怪了。某天下午，會議室一聲巨響，伴隨著巨大的吼聲，業務經理對著業務咆哮：「叫你發一封信你是不會發嗎？早在半個小時前就講了，為什麼還要反覆一直提醒？該做的做不好，那請你來到底做什麼？不會做事又不會說，說了又覺得主管很兇還私下抱怨，你以為這麼做就能改變你能力不足的事實嗎？」接著就把會議室的桌子掀了！每個人都知道這又是難過的一天，整個辦公室瞬間陷入低氣壓，被痛罵的業務臉色鐵青地低著頭走出會議室，簡直有如被催狂魔吸走全身所有的能量。

由於業務部同仁每天都必須忍受這些高強度的情緒宣洩行為，工作氣氛深受影響，雖然老闆偶爾會制止這種壓迫，可是身為業績最好的主管，大家對他的情緒還是睜一隻眼閉一隻眼，只能無可奈何，畢竟沒有他，公司不可能屢屢接到大單，為公司帶來高額的收入。然而在業績背後的殘酷現實就是，看著與他共事的業務，幾乎每三到五個月就換掉一批人，和其他部門的同事都無法建立長久工作的默契，而不管怎麼來來去去，唯一沒有改變的，就是業務經理一直以來的工作態度和處理情緒的方式。

 **倖存者聯盟**

　　遇到脾氣或情緒管理較差的主管，其實有不少相對比較適當的解決方式。當然，你可以用相同方式應對回去，令情緒凌駕於一切之上，並用激烈方式表達自身立場；不過後果或下場，不一定盡如人意，特別以下犯上在職場中是大忌，大多主管沒有包容同仁冒犯的空間，硬著頭皮對罵回去，結果不用多猜，大概只剩下走人一途。

　　換個角度來看，如同我過去在辦公室所感受到的，氣氛變僵之後，也會影響到整個辦公室的工作氛圍和心情態度，所以如果主管是位情緒起伏激烈的人，在工作上，應盡力避免激起他的憤怒，也就是不要刻意去踩對方地雷，先摸清楚他的死穴在哪裡，有哪些事情是千萬不可以出錯的！俗話說的好：「不打勤，不打懶，專打不長眼。」眼睛張開點，多注意、關心主管的好惡，知道怎麼避開雷區，會是職場生存優先法則。畢竟，身為上位的主管，常常背負壓力與責任，所以當你沒頭沒腦亂做時，他也會間接受罰，甚至被更高層主管修理，所以千萬別犯傻，不動腦又隨便敷衍了事，是職場大忌。

　　想要練就一身好的應對進退技巧，甚至避開主管的雷區，平

時就得注意主管反應，觀察哪些狀況會惹他脾氣與血壓上升，比方說，信件中有錯字、報告數字寫錯沒檢查、沒有好好招呼客人、電話響了沒人接、沒有按照進度完成工作、不按照標準流程作業等等，各種理由都有可能把主管惹毛。要是真的犯了不該犯的錯誤，理所當然應該承受主管的怒氣，並要將此次教訓謹記在心，才能避開不再犯。

主管並非是一直高高在上，神聖不可侵犯的人，脾氣大有時可能是他自己的保護傘。想要避開問題的最佳方法，請直視問題本身，並深入研究找到解決方法。我建議即使主管相處起來壓力很大，但能夠維繫雙方的關係，和主管稍微混熟一點，至少遇到事情的時候，不會處於只能挨打的境地。身在同一個部門，橫豎得跟主管長期合作，要是不盡早培養共識、默契，而是疏離主管，對雙方工作都沒有好處。

最後，如果認清主管真的非常情緒化，任何一點雞毛蒜皮的小事都會令他大發雷霆，能閃遠一點是一點。千萬別去踩地雷，也不要在他發脾氣時回嘴。我的個人經驗是，職場中大部分的專業工作者還是能夠與之講道理，可萬一對方在氣頭上，你還以下犯上去回嘴，未來真的很難在這生存。

　　請記住，既然是被聘僱的工作，大家都是出外討口飯吃，沒必要硬是跟對方過不去；有時可以把身段放軟、地位放低，並非要你為五斗米折腰，而是技巧性地優雅下腰，他可以修養不好，但你可以境界更高！

SUPER HERO

我只想做好份內工作，
卻得處理部門主管間的不和睦？

新鮮人狀況劇

　　不論新創公司或經營已久的企業，免不了有公司內部不合的問題，這也衍生出彼此在工作上互看不順眼，進而形成所謂的派系。公司內的派系鬥爭並不少見，或許對工作資歷稍微長一點的人來說毫不陌生，派系問題理由複雜，可能無法三言兩語帶過，但也可以簡單解釋成「既得利益者之間之於利益看法不同的群體較量」。身為小職員，迫不得已要在部門間協作，卻發現兩派人馬行事風格迥異，自己變成夾心餅乾，不但兩面為難，一個不小心還可能成為代罪羔羊。

　　遇到派系鬥爭，就算專業能力再好，都有可能因雙方主管立場、看法不同，導致工作不順利，甚至演變成裡外不是人，卡在

中間成為兩方出氣的對象。如果再嚴重一些，處理稍有偏頗，莫名被認定為某一派的人馬，恰巧是自家部門主管的死對頭，到時就算跳到黃河也洗不清，對自家主管無法交代，另一方主管也不會對你多好，最後被貼上標籤，搞到事情做不下去，等在前面的是一連串情緒管理、工作管理、績效管理、品性管理，各式各樣處理不完的麻煩，接踵而來困惑著茫然又無助的你。

這種狀況到底發生比例高或低？是否有完全避開的方法？甚至能否不選邊站，只單純把事情做好？只要還在職場上，鮮少能有做選擇的機會，而且有時即使自己不選，別人也會替你選，因此在職場上罩子放亮，搞清楚自己在什麼位置、正在跟誰一起做事，會不會討好一方得罪另一方，都是職場之中不得不學起來的生存潛規則。沒有人喜歡辦公室政治，但只要有人的地方就有江湖，辦公室政治因人而起，人們各有不同的立場，不管出發點為何，通常只要發生了，就不可能有消停的一天，身處其中的你，最重要的就是想辦法變成「不沾鍋」。

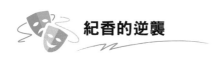 **紀香的逆襲**

我曾在一間規模不小的網路電商公司擔任美術設計人員，公

司內部依商品類別不同，有各個不同部門，當時我隸屬於生活用品
部門。才剛進公司，同事就跑來跟我說，本部門主管與家電用品
主管之間相處得並不愉快，而且兩人做事針鋒相對，要謹慎小心。
那時還很菜的我也沒多想，只想依照公司安排，做好手上的工作。
直到有一天，直屬主管特別告訴我：「紀香，如果有別部門請你
幫忙做設計，你一定要先告訴我喔！」我心裡猜想也許是跨部門
間的基本禮貌，沒有特別去注意，還把主管的提醒當成善意。

　　沒想到隔沒多久，主管又來強調：「如果家電部門要請你協
助做設計相關工作，你好好斟酌自己的作業時間，通常他們要求
的設計會東改西改，很難簡單完成，一個不注意，可能會耗費許
多時間，所以他們如果提出要求的話，請說部門內部工作多，沒
時間幫忙。」雖然我才來公司沒多久，卻深深感受到兩位主管間
的不和睦，大家口中說的「有嫌隙」，肯定不是空穴來風。

　　該電商公司員工人數約一百人，每週五下午定期舉辦跨部門
會議，由老闆召開，並邀請各商品線的主管，將每個部門正在進
行的專案拿出來，一個項目一個項目地仔細檢討，看看有無資源
浪費或跨部門工作是否順暢。會議中，老闆總會強調：「公司人
手有限，希望部門間能互相幫忙，大家一起做好公司的事。」雖
然這樣耳提面命，可事實卻離老闆所說的境界非常遙遠。

　　大家都明白，各部門人手吃緊，手上的工作消化不完，有些部門則是人員流動率較大，導致工作被延誤。家電用品部門在人力招募上的確已經遇到瓶頸，設計人員已離職一陣子，始終找不到適合的人選，而我主管最不樂見的還是發生了。家電部門主管相當喜歡我的設計風格，常私下請我幫忙處理他們部門的工作，明知直屬主管不希望我去幫忙，但礙於對方也是主管，我只是個小設計，實在推不開這種私下請託，甚至家電部門主管偶爾還會透露出，如果我想換部門，他很歡迎我主動申請，他會盡力替我安排！

　　老闆常將「事情一起做，用人一起用」這句話掛在嘴邊，勉勵所有主管在資源有限狀況下，彼此互相協助。但主管們工作上不合，並非一夕之間造成，想要解開心結，也不是老闆喊喊口號就能一筆勾銷，特別是部門與部門間產生的衝突。結果，沒有太多職場經驗的我，終於有一天犯下了巨大失誤……

　　我天真地以為把狀況提出來就可以解套，於是白目地「越級上報」，說明兩位部門主管間的問題，由於彼此各有堅持，造成基層的我接獲工作時有些為難，因為兩邊主管均有交辦工作，再持續下去工作量可能會負荷不來。

　　講完以後，未曾想過的災難發生了！深皺著眉頭的老闆，把

兩位部門主管找到會議室裡。「眼見兩個部門的設計需求增加，再加上家電部門尚未徵到人，紀香暫時支援兩個部門的設計工作好了。」這不是我跟老闆報告的原意，我本來是因為兩位主管不合，私下請託又無法公開，導致工作加倍，又不想一次跨兩個部門造成工作失衡，沒想到老闆卻有另類的解讀。

兩位主管一聽到老闆這麼說，當然知道我越級報告，等同一次惹怒兩位。老闆以為問題出在我不知屬於哪個部門，以為讓我身兼兩個部門的美術設計就可以解決問題，導致本來就承受不住的工作量，變成理所當然得接受的工作。

從結果論來看，對我原本所屬的生活用品部門來說，我向老闆報告的行為儼然是背叛，一個小員工竟然沒有先跟主管說明，直接向老闆告狀，可能會造成老闆對主管的印象變差；而對家電部門主管來說，也不過就是請我幫忙做點事，竟然私下跑去告訴老闆，讓他為難。同時也將兩個部門主管的不合拉上檯面，他們對我有多氣，已經不是三言兩語能說的，最後我只能一個人默默承擔主管們看我的不順眼，再也不用肖想有任何升遷、加薪的機會。

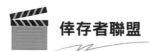 **倖存者聯盟**

　　每個人在職場上大多不想沾染辦公室政治，心中最常想到的不外乎是「我只想把工作做好而已」。可是，因為有很多「人」的因素，導致事情不是只有做這麼簡單，人與人之間的相處，反倒讓原本要做的事情，複雜許多，尤其像是我自己親身經歷過這一切，「越級向老闆報告」是職場中最嚴重的大忌，再怎麼難過不堪，有些話得先吞進去，即使消化不良，看在職場政治各種難以處理的麻煩，偶爾忍耐一下並未不好。特別是，部門主管跟協同作業的主管不合，卡在中間成為夾心餅乾的你，更要懂得「罩子放亮點」，別去踩彼此的地雷，才是正確做法。

　　身為受雇於人的基層員工，一定要記得誰才是決定你仕途的直屬主管。並不是一定要你在主管的拉扯間選邊站，而是從公司指派的各種工作、任務，最終由哪一位直屬上司負責。自身工作的好或不好，各種評量全都是由直屬主管做績效評核，沒有搞清楚這層關係，想要多方都討好，最後可能不僅沒有一方被討好，還同時惹毛了兩方也說不定。尤其，越是不想在工作中得罪別人，越容易犯下得罪別人、兩邊都被定罪的下場。

　　每個人立場本來就各有不同，這是長期養成的結果，有時就

算跟老闆講了也沒有用，因為也許是老闆經營方針關係，才導致主管間不合。不要天真地以為自己可以當兩邊的橋樑，自告奮勇要替他們解決矛盾，因為你的部門主管就是其中一邊，而掌握你的考績的也是部門主管。即便你能力真的好到每一個部門主管都想將你捧在手上，但千萬不要忘記是誰讓你有機會站上這個舞台的。識時務者為俊傑，如果你得罪一開始認可你能力的主管，不但讓對方不舒服，你自己也很難交代。所以你隸屬於哪個部門、哪位主管，就專心做好他所交辦的事項。不要以為自己有辦法填補雙方過往的嫌隙，更不要讓自己掉進派系鬥爭的漩渦中。

就算真的迫不得已必須選擇得罪人，也不能惹到直屬主管，影響到自己的考核表現，而是和自己部門站在同一邊，寧願挨外部的攻擊，並讓主管、同事們陪你一起擋。

畢竟，辦公室就是江湖，江湖上沒有人不挨刀，但即使會挨刀，也不能挨自己人的刀！

注重禮貌卻又擔心會被講閒話，
過節該不該送禮給主管？

新鮮人狀況劇

　　為了想要被老闆、主管重視，有些動作較為積極的人，常會主動送禮物給老闆，甚至逢年過節或是生日，一有機會就出手討好他們，期望能在他們心中留下完美的印象，獲得在工作中被認可的機會。甚至，有些人還會特別注意老闆、主管們的好惡，將他們喜歡吃的、不愛吃的記錄下來，趁午休時間，主動替他們買午餐、打點一些生活小事，看起來相當像是馬屁精在做的，而這麼做，是否恰當？會不會引起別人的側目？

　　好比說像是主管生日特別送禮物這檔事，當整個部門的同事都沒有這麼做的時候，只有你一個人做，會不會引起別人說閒話？而且送了之後，有沒有可能招來部門同事的不滿，想要刻意在主

管面前博得好印象，結果反倒先賠掉自己在同事之間的關係？這些都成了考驗職場新鮮人的一大難題。可能有的人會覺得反正大家都沒送，自己也不要送就沒事，只不過身為一位有企圖心、野心、想求表現、爭取被看到的人而言，要跟著大家一起毫無表示，也是一件很難的事情。

做越多，被說閒話的機會越高；不做的話，好像又對不起自己想在工作中爭取表現的機會。不管怎麼做，好像沒有辦法誰都討好，但真要解決問題，好像也不是沒有辦法，例如全部人生日都送，可是收入不多、經費有限，真要每個人都送，又會給自己巨大的壓力，該怎麼做才會比較好？又或者說，如果大家都不做，自己也跟著不做，難道會比較恰當嗎？問來問去沒有答案，做與不做，似乎從哪一方的角度去解讀，都不一定對自己有利。

 **紀香的逆襲**

因性別關係，對於社交與人群，為了不造成對方的困擾，我總是離人們很遠，盡量不要相處，因此不擅長交際，也從未在職場上挑選任何禮物來送人。有一次，因剛經歷完一場人生低潮，被老闆賞識重新回到職場，對失業長達數個月的我而言，可以再次回到

辦公室跟一群人工作，真的很高興。因此，為了感謝老闆的器重、賞識，我想在他生日那天，特別送他一份禮物。不過，浮現這念頭時，發現似乎部門同事、主管都沒有人在準備，也沒有人提到，感覺好像沒有人想送老闆禮物，只好自己默默放在心上。

沒有送禮經驗，抱持著誠惶誠恐的心情挑選著禮物，我不確定選太便宜會不會不禮貌，但如果要送貴一點的，送什麼才能送到老闆的心坎裡，成為一大問號。看來看去，感覺上智慧型手錶會是個好選擇，雖然不確定老闆是不是戴名錶類型的人，可是以我能負擔的金額來說，智慧型手錶應該是個實用又有份量的禮物。於是，我跑了幾間不同店面，找到一支外型有質感、功能還算完整的智慧型手錶，要價將近兩萬，這是我想感謝老闆的心意。

生日那天，私下到老闆辦公室，有點不好意思地將禮物送交給老闆。老闆收下後表情還蠻平淡的，沒有什麼特別表示，只是簡單的說聲「謝謝」。正當我要走出去時，老闆突然問我：「怎麼會想要送我這麼貴重的禮物？」我回老闆：「因為想要感謝老闆的賞識，給我機會重回職場再次工作，這禮物比起我送您的，要來得更加珍貴，想要藉此好好謝謝您的照顧與知遇之恩。」老闆笑了笑，只說：「謝謝，工作好好做，那就是對我最好的禮物。」聽到他沒有給我負面的回應，心中大石跟著放下。

　　沒有送過禮的人，多少還是會在乎收到禮物的人是不是會喜歡。我不確定老闆是否喜歡，也沒有看到老闆戴在手上，自己猜想著可能老闆不是太需要，因此心中有點不好意思，怕這個禮物他會感到負擔。不論如何，送都送了，喜不喜歡不是我能決定的，想要感謝的心意已經傳達出去，也期望自己未來在公司有機會好好發展。直到某次，老闆突然在會議中提醒大家，過節要送禮物給合作夥伴和客戶們，別忘了禮輕情意重，說著又加了一句：「紀香在我生日時，曾送我一支智慧型手錶！我覺得很不錯，看來紀香挺會挑禮物，送禮給客戶這件事就委託他負責吧！」

　　一場會議，讓所有人知道我特別在老闆生日的時候送了他一支智慧型手錶。本來私下送禮不想特別讓人知道，就是擔心會造成部門同事間說閒話，沒想到老闆無心一句話，就把我送禮的事昭告天下。會議之後，主管把我留下來，跟我說：「我們公司沒有送禮給同事、主管的習慣，你這麼做沒有不好，但卻破壞了我們的規則，這對公司文化來說並不是好事。為何我們都不送？因為有人送了，另一個人就會想要跟著送，然後又會衍生到其他人得再送。此時，不想送的人也要跟著送，這樣子會比較好嗎？」我聽了有點驚訝主管竟用這麼直白的方式說明，我尷尬地笑著，不知道該說什麼好。

　　主管又說：「送禮本來就是一門很複雜的學問，比方說我送五百元，他送一千元，另一個人又送兩千元，這種比誰送得貴的事情很難避免，然後用規矩來限制送禮的金額，不也就告訴大家，包含那些不想送禮物的，得跟著一起送嗎？這些都是職場中的潛規則，不是說不能送禮，而是送禮這件事情，得要妥善思考過，才不會一個人影響所有人。像你這次送禮，難道不會造成一些想送卻沒送的人，感到在職場之中矮人一截嗎？」我這才理解原來當初老闆生日沒有討論送禮物的原因，可是送都送了，也無法改變既有的事實。

　　後來，偶爾會聽到同事開玩笑說：「紀香很愛狗腿啊，喜歡巴著老闆的腿，有搞不定的事情去找紀香啊，反正他跟老闆熟，他一句話一定比我們講好幾句話要來得有效。畢竟，他是個會送禮去巴結老闆的人，老闆眼前的紅人，連送禮物都交辦給他去做，他那麼有本事，肯定什麼都可以輕易通關、順利解決。」同事們的玩笑話，聽起來格外刺耳，想反駁卻又沒什麼立場，導致之後工作無法跟他們好好配合，甚至常常被刻意找麻煩，令自己難堪又不好過。

 **倖存者聯盟**

　　送禮，不是送貴的就好，能送到對方心坎裡，當然很重要，可是送禮之前，還是有很多事情得先搞清楚、弄明白。首先，常聽人說禮輕情意重，但禮物太輕會被人在背後講話也是真的，因此禮物要送得好，有時真的得了解、熟悉對方的喜好才行。比方說，我曾看身邊朋友愛喝酒，他生日時特別去買名酒送給他，以為一瓶要價五千、一萬的酒，會是他喜歡的，結果卻沒想到酒很貴，但他不喝，這下可尷尬了，因為每個人的口味不同，不是酒貴就好。

　　除此之外，送禮不只是看自己與收禮的人，在職場之中，還得看看周遭環境，是不是一個適當送禮的場合。並不是說送禮還得考慮旁邊的人，而是大家沒有送禮文化時，要送禮也要盡量避免自己變成別人口中「巴結主管或老闆的狗腿」。企業之中出現這種文化固然不好，可是無法避免的是人多嘴雜，那些不想送或不願意送的，要借題發揮很容易，這下吃虧的就會是你。因此，送禮之前，建議找大家討論一下，好好跟主管或同事說明，這樣才不會讓自己成為辦公室裡的「孤鳥」。而且還能夠藉此了解一下收禮的人喜歡什麼、不愛什麼，營造共同討論的氣氛，為自己想要送禮的意念多增添一點支持聲音。

　　要是討論的結果是「不要送禮」，可是你卻很想要送禮去感謝，這時，比較好的做法是跟大家說明，並且告知可能會送什麼，以及想要送的理由，讓大家知道你是出自於某種真心，而不是讓送禮這件事變成私下只有自己才知道的事情，更不會在日後變成巴結老闆、主管、同事的「心機鬼」。

　　若是大家一起送，先經過共同討論與溝通，會是比較理想的狀態。要是同仁們不想一起送，也可採取辦活動方式來處理，例如，每個人準備多少預算，一起買個小禮物幫主管慶生，大家共同歡樂。如果真的要私下送，一定要把送禮的動機說明白，甚至要提醒對方盡量不方便公開。**職場相處沒有太複雜的道理，最怕的就是省略掉該做而沒做的事情，導致大家產生誤解**，進而將這些不了解，變成不願意解開的心結。

　　最後，一定要告訴自己，送禮不一定要討禮回來，「**送**」，**是自己的心意，心意送出去，對方有沒有反應不重要，能夠送到心坎裡才是重點。**

主管總是板著一張臉，
難道我又做錯了什麼？

新鮮人狀況劇

「為何主管總是板著一張臉，看起來嚴肅又難相處，是不是我做錯了什麼？還是工作哪邊做不好？」新鮮人在職場中，對於主管的反應，往往會特別放大解讀，尤其在不了解工作壓力的狀況下，看到主管臉很臭又冷漠，總會以為是自己沒有做好，造成主管心情、態度不佳。只是，看到主管臭臉到底該怎麼應對，才不會被主管兇、被主管罵，莫名其妙被主管的脾氣牽連？就成為一門大有學問的職場應對技巧。

如果，不論好事或壞事，主管都一副生氣的樣子，到底應該如何正確解讀主管的心態？會不會一個沒弄好，不小心掃到颱風尾，成為部門裡的箭靶？情緒波動很大的主管，相處起來不僅會

感到很有壓力，甚至久了還會衍生出恐懼，儘管想要好好做事卻總是不如主管的意；就算偶爾看到主管放鬆的樣子，也會很惶恐，不敢多說話，久而久之和主管的相處就會有距離，更遑論培養默契了。

不僅如此，有些資深的同事也常會擺出臭臉，好像大家都惹到他，一臉生人勿近的臉孔，要人怎麼跟他相處和共事？特別是大家都是來上班的，知道基本的做人道理，大家都和和氣氣的，卻得忍耐他冷淡、不耐的表情。在這種情緒控制不佳的環境之中，工作起來滿是壓力，光是顧及對方的情緒都來不及了，工作效率怎麼可能會好！

「到底是我做錯，還是主管生來如此？」真是大哉問！身為職場新鮮人，究竟該怎麼看待這些職場冷面孔？

 **紀香的逆襲**

平常我認真工作、沒有表情的時候，常常被同事誤認為：「紀香，你是不是在生氣？今天有什麼不好的事情發生嗎？」好像沒有表情就等於臭臉，也等於心情不好。有一次，我很認真回覆同

事：「我真的沒事！不是沒有表情就是一副在生氣的樣子，但我沒有生氣，那純粹是放鬆的樣子！」同事聽我解釋，感覺有點相信，又不是太相信。後來，算命老師看我的面相還曾告誡我：「你板起臉來就一臉衰樣，想要改善運勢，先給別人一副好表情，別人看你不苦，你的工作自然就不會苦。」

聽到算命老師這麼說，我只能苦笑帶過。我不是一個擅長察言觀色的人，往往沒搞清楚對方的狀況，沒有解讀對方的表情，就做出那些令人覺得「白目」的事情。舉例來說，我跟主管相處久了，對他沒什麼表情跟反應早就習以為常，因此沒有太刻意去解讀他的反應，直到有一次，我看到他從會議室出來，輕挑地對他說：「又板著臉，該不會被老闆修理了吧？哎呀，反正老闆就是這樣，出一張嘴罵人，有什麼好在意的。」沒想到主管大聲喝斥：「部門都要被裁撤了，你還有心情開玩笑！你白癡嗎？公司什麼狀況你不知道嗎？開玩笑也要看場合啊！你白目習慣了，還真以為什麼話都可以說嗎？」我頓時傻住。

接下來幾天，主管的臉色依舊很不好，想問更多細節，但他一副生人勿近的樣子，也不知從何問起。公司裡傳言越來越多，每個人都擔心自己是不是被裁的其中一員，但是主管每天臭著一張臉，沒有人敢鼓起勇氣詢問，只能盡力做好手上的工作。直到

主管終於找大家開會，宣布道：「本部門被要求裁員兩位，名單
尚未出爐，請大家多留意。」當下大家都無心工作，害怕自己會
是被裁的人。

隨著時間過去，大家更不敢靠近臉色一直很臭的主管，深怕
一個不小心成為裁員名單中的一員，每個人都是謹慎再謹慎，當主
管過來交辦工作時，更是小心翼翼地應答。我本來還敢跟主管開點
玩笑，但自從那次被飆罵過後，連我也害怕主管的反應。某一天，
他走到我座位旁邊，突然開口：「你知道公司狀況吧？」我點點頭，
示意了解。主管說：「在大家的眼裡，你的能力向來不錯，可是
公司現階段不只要能力不錯的人，還要一個安靜又穩定的人。」

聽到這句話，我心涼了一半。「我懂，有什麼需要我配合的
嗎？」主管只回我：「沒有，把事情做好。」接下來，在主管尚
未公佈裁員人選之前，每個人都格外在意主管的動向，深怕一個
不注意會踩到主管的地雷。因為害怕犯錯，過度在乎主管的態度，
整個部門工作效率開始惡化，我們也無法像過去那樣嘻嘻哈哈的
工作。部門文化顯得僵硬、死氣沈沈，大家心裡都在準備著「也
許我就是下一個」，等裁員發生時，心情比較過得去，主管也變
成等待下判決書的行刑手。

就這樣，一份好好的工作，被弄得奇奇怪怪，主管本來就冷淡又面無表情的臉孔，看起來更令人感到害怕，連本來能說上幾句話的溫度，都降到冰點無法靠近。

倖存者聯盟

解讀一個總是擺著臭臉的主管之前，先了解職場的文化與生態會來得更重要。首先，不是每個人天生都喜歡擺出臭臉，即使像是我平常沒有表情，總被人誤解為生氣的狀態，可是大多時候，人們還是習慣與人為善，不會刻意到處結仇、樹敵，更不想要用一張臭到不行的臉面對每一個人。因此，要是主管、老闆常板著臉，肯定有一大部分的理由跟公司有關；能夠察言觀色，試著去理解他們承受壓力背後的主因，會大幅提高在職場上生存的機率。

要想跟他們相處得好，先要理解為何對方處在「心事重重」的狀態之中。能夠找機會藉由簡單的談話「破冰」，會是個重要的開始。尤其，主管、老闆們扛下許多一般基層員工所不能承擔的責任、包袱，即使想要把話好好對外說，也會遇到很多「不方便說」的情形，此時，適度扮演善解人意的傾聽角色會很重要。先多聽、多觀察，不要多說，讓自己成為主管、老闆的減壓緩衝墊，好過

於試著要幫他們解決問題。請注意，別急著為他們解憂，先成為他們可以倒垃圾的工具即可。

另外，認知主管與老闆之間的責任差異很重要。老闆扛的是整間公司的成敗，所有大大小小事，不論是誰做的，最終承擔的人都是老闆一人，因此不論好事壞事，老闆肯定都是第一位也是最後一位要承受的人。那種壓力不是一般職員可以理解，所以跟老闆的談話，請聚焦在一般生活、基本工作之中，別去談太多關於部門、主管、同仁間的工作狀況，能夠的話，講講自己對公司的初淺想法就很夠了，再多可能會令老闆板起臉來，對你有所防備。

相較於老闆，主管必須承擔整間公司的全部壓力，他們所扛的責任相對聚焦、明確。從部門、分工來看，通常來自於整體部門的共同表現，不論是業績成長、客戶關係、同仁表現、績效結果，主管會更為明確地在特定的面向上感受到壓力與責任。想要避開不踩到主管的地雷，也不希望那張臭臉是因為自己的工作表現而來，就得針對主管所在乎的重心，好好將各項工作完成，並且適時在合理情形下表達自己對工作的企圖。一個主管最重視的不是工作交辦多少，而是有多少同事願意主動將手邊事情做好，並且積極回報執行後的結果。

　　察言觀色要做到好，必須因人而異，從職階、職權、職務，做好差異化的對待，深度理解每個人擔任的角色和身上背負的責任、工作內容、壓力來源、身處環境等，如此才能順藤摸瓜，藉此理解他的情緒起伏根源，摸索出該如何正確跟對方相處。職場新鮮人們千萬不要亂踩地雷、挑戰界線，做出白目的行為。

　　謹記，不要看到對方板著臉就害怕而將距離拉遠，反而會帶來更加明顯的反效果，**職場生存法則不是比誰躲得遠，也不是比誰靠近權力中心，而是懂得找到箇中相處之道，適度拿捏相處的分寸。**

CHAPTER2

勾心又鬥角，
想立於不敗之地，
就得和同事結下善緣

COMMUNICATION

報復企圖攻擊你的人，
最好的方式就是表現出最友善、最無私也最無害的一面。

資深同事常把工作丟給我，
要怎麼閃才漂亮？

新鮮人狀況劇

「嘿，這工作就交給你了」、「那就由你來處理了」、「想都不用想一定是你來做啊」，在職場上，身為資深工作者，往往會在新來的或是資歷較淺的同仁到職時，將工作一股腦地往對方身上丟，造成新進人員才來沒有幾天，工作就被塞得滿滿的，還沒來得及適應公司文化就被迫上戰場。

經驗不足的職場新鮮人，面對這類工作被持續交付的狀況，還沒有消化完眼前的工作，立刻又有新工作安排進來，每天熬夜加班看不到盡頭，不但被壓得喘不過氣，逆來順受的結果導致工作沒有做完的一天就算了，品質也越來越差，在主管眼中的表現，不如當初面試時亮眼，因此越做越悶、越做越累，即使心中知道

有些工作根本輪不到自己，想要拒絕卻找不到更適合的方法，直到把自己壓垮為止，這般職場生態真的對嗎？

　　無法有效地將工作完成，可能會被主管關切甚至責難，但礙於資深同事，又不能說自己一直被塞工作，才剛做完一件，立刻又來兩件，拼了命完成之後，再來三、四件，手上的工作永遠沒有做完的一天，很難不萌生離開的念頭。可是，這種情況難道別的公司不會發生嗎？

 **紀香的逆襲**

　　剛到一間軟體資訊公司任職的時候，才發現公司剛完成被併購的重大里程碑，處在一片歡欣鼓舞的氣氛之中。我被分發到行銷整合事業部，擔任行銷企劃一職，公司負責開發各種資訊解決方案，依照客戶需求，客制各種軟體功能。才到職第一天，專案經理就將手上三個案子交過來，清楚明白地提出要求：「這三個案子下個禮拜要去提案，請你本週五之前交件。」我還摸不著頭緒，正想問細節，他卻丟下一句就起身離開：「缺什麼資料，自己去找，自己去問，總之自己想辦法，沒問題就別來煩我。」

　　傻眼的我不知該如何反應，但案子是從業務部承接而來的，應該問他們比較快，於是我直接找上業務部的同仁。對方回我：「對，這三個案子由我們負責，相關資料我再提供給你。」正在我感覺事情好像有點曙光之時，對方突然說：「你是新來的行銷企劃對不對？我們明天有個提案要做，那就請你今天下班前幫我們出一份草稿，最晚八點前要提供，因為我們還要再看過、修改。」我不知道該說什麼，感覺有點像是誤上賊船。

　　回到位置上，經歷兩次震撼教育的我著實感到茫然，只能自己摸索。下午，執行長請我到他的辦公室，一坐下就問我：「今天到職感覺如何？」我只能苦笑：「還不錯，到現在為止過得很充實。」執行長話鋒一轉：「你知道我們被併入 XX 集團嗎？」我回答面試的時候就已經得知，沒想到執行長告訴我，接下來我將直接對新來的總經理負責，這位新總經理對於整合行銷事業有很多想法，所以希望我在週三以前交一份整合行銷事業計畫書。

　　我完全不敢相信自己聽到什麼，從三個案子，到業務提案，然後是整合行銷事業計畫書，全都要在本週內完成，而這些任務全都在到職第一天丟給我一個新人，這樣正常嗎？但才剛進到一間新公司，我不敢多說什麼，只有默默承擔，希望自己有所表現，才不會枉費千辛萬苦介紹工作給我的朋友。

　　寫案子寫到晚上八點，將業務要的提案交出去。執行長看到我還在位置上，跑來跟我聊了幾句，問我覺得公司怎麼樣？我很老實的回答：「工作內容很充實、很多樣，但這份工作我真的無法承擔，事情實在太多，而且很多資訊並不完整，我不僅要收集資料，還得將那些零散、片段的內容整合起來，在限定時間內完成，個人力有未殆，無法妥善將工作完成，是我能力不足。」執行長聽我這麼一說，露出非常驚訝的表情：「怎麼會這樣？才剛來第一天，有什麼問題都可以提出來討論，先別急著放棄，我來看看工作可以怎麼做調整。工作要能夠適度的自我管控跟安排，事情才能做上軌道。」

　　我反問執行長：「但是以我一個剛進入公司的新人，突然被不同部門、不同單位安排那麼多工作，要怎麼分配？難道拒絕他們嗎？」執行長笑著回我：「你算是業界資深工作者，都有十年以上經歷了，不會不知道該怎麼處理吧？」我想了想，主動回執行長：「我認為應該將現況說明清楚，先評估手上的專案，然後盡速回答對方我能處理的程度，以及確認執行的優先順序，而不是照單全收，這是我過去做事的經驗。除此之外，因為不確定的資訊很多，我需要一段時間消化整理過，才能回報完成的時間。」

　　「你很聰明也很有經驗啊！如果你能將想法清楚說出來，好

好跟那些交辦工作的人溝通，我相信你不會有那麼多的疑惑和困擾。」執行長認真地看著我，看得有點不好意思。其實有一部分被執行長說中了，特別是剛到職第一天就碰到這種高強度的工作交代，實在承受不了，心中浮現這是不是血汗工廠或每天都把人逼到絕路的恐怖地獄。

最後，執行長跟我分享：「別人有交辦工作的權利，因為那是他們在公司被賦予的任務；但你也有拒絕的權利，只是要懂得怎麼拒絕才能顧全大局，最好是想清楚後再開口，對你比較有利。」

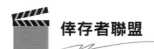 **倖存者聯盟**

在職場中，當我們談到工作分工時，從組織圖來看，是一層又一層、一階又一階地區分下來。從組織圖，也能看得出工作的流向，通常工作分配的源頭一定是從老闆那邊發落下來，再到部門主管，然後是部門裡每個任務分工不同的人們。因此，從組織的上到下，工作會像是水流一樣，一層又一層向下流，如果從上方流下的工作越來越多，而中間承接的主管沒有做好適當的分流，就會造成最底部的基層員工接下最多的工作，這裡面又屬工作經驗、資歷較淺的人會接到最多的工作量。

不想成為工作流程裡的瓶頸，也就是不想因為工作太多，無法消化而造成其他人的困擾，最好也最適當的做法就是「適當的拒絕」。請注意，並非無端或是無來由地拒絕，而是要有技巧、有方法地將工作委婉地退回去。因為，當工作無法好好完成，卻一項又一項進來時，此時影響最大的不是自己，反倒是交辦工作的人。尤其職場新鮮人，對於工作重要性的評估還不熟悉，不了解該怎麼去拒絕對方，默默將所有工作全部接下來，導致做事效率不彰，還無法準時交件，這不僅會影響新鮮人在職場之中的發展，更會造成工作上的無形困擾。

拒絕是一門藝術，不拒絕卻是一條必死的道路。每個工作者，對自己有所期望時，往往會想要多求表現，盡量在對方心中留下完美的印象，而要盡快做到這一點，不外乎就是爭取較多工作，讓對方看到自己的表現，獲得周遭人們的認同，進而得到被讚賞、表揚的機會，從中得到未來升遷發展的可能。可也是因為如此，被企圖心害死的新鮮人，從沒有少過，更甚者，別說是出頭，連基本工作也做不好而被批得滿頭包的人比比皆是。千萬別被自己的企圖心給遮住雙眼，特別是自己的本事還沒有累積起來，消化工作的能力尚未提升，接太多任務只會搞死自己。

能夠妥善有效解決手上工作，然後適時拒絕無法消化的工作，

成了一件重要至極的工作技能培養。如果你不知道該怎麼拒絕，最好的方法就是說明自己手上正在處理的工作，讓對方明白你現在能做的事情有哪些，不能做的事情又有哪些。稍微有工作經驗的主管或同事，絕對不會拿石頭砸自己的腳，如果得知你的狀況還硬要將工作交辦給你，肯定是不在乎工作產出的品質。不管如何，想辦法對交付不可能任務的一方曉之以理，對於未來工作的合作默契，肯定會有提升，甚至培養出一點默契，令未來的工作更為順暢。

最忌諱的是拒絕工作時，令對方感覺到你純粹只是不想做。通常，拒絕對方的工作交辦，最怕引起對方的不悅，而要降低這種負面情緒交流，得在溝通上下足功夫。**請記得，別在拒絕對方交辦工作時，擺出一副不是很舒服，或是很難過與不悅的表情**。人對於態度的感受特別敏感，如果又是以後要朝夕相處的同事，將拒絕拉到情緒層面，未來工作將會非常難以進行，所以一定要先將自己的情緒放下，採取理性的溝通，說明完整現況，令對方得知勉強交辦工作可能會遇到什麼問題。

反正你是新人，適時地放軟，坦誠地提出自己的困境，把發球權丟回給對方，才能為自己找到一條活路。

被同事算計扯後腿，
如何反擊讓對方自食惡果？

新鮮人狀況劇

　　不論有意或無意，職場工作難免被人背刺、插刀，進而影響情緒，甚至在同事心機的設計之下，不小心成為箭靶，遭遇一些難以解釋的狀況，即使跳到黃河也洗不清。身為職場新鮮人，職場經驗不足，敏銳度不夠，不小心踩了別人的底線，卻被刻意報復，本來上班只是想要單純地工作，卻成為一種奢求。

　　尤其，有些同事行事風格比較有攻擊性，常會讓新鮮人覺得：「咦？我怎麼莫名其妙被捅一刀？」不管對方背後動機為何，每天要應付工作，還要處理同事之間的爾虞我詐，實在讓人崩潰。特別是當一些刻意小人的行為發生，相對經驗較不足的新鮮人能不能高 EQ 地去處理應對，可以說是必學的生存法則。好比說工

作中，因為自己的失誤，造成對方的誤解，在之後的相處上，很明顯感受到對方的敵意，這類有形壓力伴隨著每天大量的工作，勢必會影響工作情緒，進而破壞工作成果。

當新鮮人變成驚弓之鳥，開始擔心許多事情，對人際關係處理上特別敏感，一點小事情就會驚動自己與他人，把人與人之間的關係變成草木皆兵的狀態，工作起來就會很痛苦。在職場上，如果能事先理解人與人相處必然會有一些摩擦或爭執，好好掌握「對事不對人」的工作 EQ，不受情緒影響判斷，做任何事情時，至少不會成為過敏兒，只要碰到小事雜事鳥事都覺得是無法解決的人生大事。

紀香的逆襲

擔任網頁設計職務時，有一位同事不是很喜歡與我相處，可能是我溝通的問題、外表的問題、人格的問題，不論是什麼問題，每每與他討論工作項目時，都必須忍受他的不耐煩。壞態度事小，有時他會刻意隱瞞客戶資訊不提供給我，令我在工作的時候很困擾。

　　有次在任務交辦的會議之中，我問他：「請問客戶有沒有提供相關的設計規範、內容資訊？」他回答我：「設計沒有特別規範，內容還在跟客戶要，你先配合做就是了。」因為我資歷比較淺，他這種態度我也無法多說什麼。

　　直到交件時，我把設計完稿的作品寄出去，沒想到竟收到客戶非常憤怒的回應：「我們提供的設計規範沒有看嗎？我們是品牌公司！你們不懂得按照規範上的字型、顏色、行距做設計嗎？未免過度外行，拿出一點專業好嗎？白白浪費我的時間，請貴公司主管做好管理，別讓沒經驗的設計耽誤專案時程。」莫名被客戶罵了一頓，我非常傻眼，不知該做何反應，腦袋卡在「設計沒有特別規範」這個資訊裡。

　　結果，情緒一上來，在毫不冷靜的狀態下，我直接回信：「貴公司並未提供任何設計規範，我也詢問過此事，獲得是不需要設計規範才開始執行此案，請貴公司先理解內部作業是否有疏失。」這封信寄出，不僅讓客戶更加火冒三丈，主管也怒罵我一頓。客戶轉寄了先前提供給另外一位同事的設計規範信件，並強調資訊早於兩個禮拜前發出；只是負責同事沒有將信件轉給我，而且還堅持他沒有說過「設計沒有特別規範」這句話，一口咬定他有轉寄給我，是我的信箱漏信了。

　　有過這次經驗，後來只要與該位同事有協同作業的狀況，變得特別小心。只不過，我情緒性的回信已造成公司傷害，主管不僅斥責我，連同老闆也無法接受客戶那邊一直抱怨我們的不專業，進而把整個部門叫過去罵了一頓，所有人都因為我那封不理智的回信遭到連坐。自此之後，我不僅被冷落，同事們也不想與我說話，只有單純工作上的互動，連招呼都顯得很多餘。工作每況愈下，同事不再支援我，很多事情做起來孤立無援，為了想挽回這番困境，我試圖想解釋、討好同事們，但裂痕已難彌補。

　　不久之後，我又再度因為同事告知我客戶沒有提供素材，而被要求「憑空」做出客戶需要的主視覺。居中協調的同事強調，因為客戶預算少，也不是很熟網路，想要做網站卻什麼資料都沒有，所以要我從主視覺開始，自己想辦法做出客戶想要的元素，把少得可憐的資訊科技化。我耗費整整兩天打磨整個視覺，因為手邊完全沒有任何素材，只好用手繪的方式進行。結果交件後客戶大冒火，質問我們：「哪來這麼不專業的設計？我們是科技公司，怎麼會用手繪的素材呢？」有了上次教訓，我不敢再辯解，只能摸摸鼻子自認倒楣。

　　後來只要遇到有人陷害我，我都不會刻意告狀，而是順著對方想要的方式走，看看他到底想做什麼，再借力使力展現自己危

機處理的技巧。畢竟走在路上也是會不小心遇到瘋子，Bad things always happen ！既然是在所難免的，與其在原地抱怨自己倒楣，不如學會好好解決它的智慧。

 **倖存者聯盟**

借力使力永遠都是最佳的執行對策。比方說前面提到的例子，當客戶說到：「我們有提供設計規範，為何你們沒有按照著使用！」身為新鮮人的你或許可以這麼回：「抱歉！可能是我電腦設定的字型跟排版跑掉了，因為輸出檔案時沒有一併將字形、格式套入，導致此問題發生，造成困擾處相當抱歉。」將客戶的注意力從「專業能力不足導致此結果」試著轉移到「因為一時的不小心而忽略，並非故意」，至少在客戶心中不會是一翻兩瞪眼的結果。尤其，從客戶的反應必然可以得知已提供規範，只是內部溝通不良，其實就是同事挖坑給我跳。而既然已經跳了，真的沒必要把所有人拖下水。

更高明一點，後續還能夠藉這機會做球，例如在工作內部檢討會議上，提出「經上次客戶詢問後，客戶有提供設計規範，但我這邊沒有收到，可能是信箱出問題，或是不小心誤刪，甚至是客戶

寄錯到其他人信箱，還請大家多見諒，日後會主動先向客戶詢問，以防設計都做完了才發現。」說法講得好聽，同事們聽了不刺耳，以後還能夠好好妥當地往來。要是主管知道其實客戶有提供資料給特定同事，可再藉此延伸，用「真抱歉給大家帶來困擾，同事很忙，是我自己沒有主動詢問他，這次是我自己做事不謹慎，不懂得為同事分擔」的說法，主動給對方一個台階下，打好同事間的關係。

對新鮮人來說，用逆轉危機來反擊，才能顯示你的智慧，尤其外在環境很糟糕、同事對你很不友善時，一定要用智慧把危機化為轉機，再將轉機變為成功的契機。不要拘泥於現實所遭遇的困難或問題，也不要拘泥於眼前碰到的不合理，而是試著將這些不合理重新解構分析，最後順勢而為，化解問題，皆大歡喜。

不要害怕直球對決，但也不要硬碰硬，職場上硬著頭皮幹，下場通常都很不好。解決問題的方式應該是在充分了解狀況後，施一點巧妙的小招數、稍微包裝一下語言，把球做給老闆、做給同事，盡量在溝通話術上做到「哇！你還蠻會說話的啊！真懂事！」，可能原本想故意找你麻煩的同事，就會知難而退了。對方就算想打壓你、扯你後腿，也會因為你每次都能成功破解而卻步。

報復企圖攻擊你的人，最好的方式就是表現出最友善、最無

私也最無害的一面，用智慧與幽默化解各種職場惡意，試著做球
給對方令他得分，只有他好，才會對你好，連帶著老闆和客戶才
會喜歡你、看到你的優秀。

IMPORTANT
ATTITUDE

萬一經過多次的艱難險阻，
你也充分顯現處理問題的智慧和高情緒管理，
老闆或同事卻還不能理解你的話，
這種公司無需多留，
因為你有本事到任何更好的地方去。

看不慣別人講八卦，
但是不加入會不會被排擠？

新鮮人狀況劇

　　只要有人的地方，必然伴隨八卦流竄，職場當然也不例外。跟同事你一言我一語地講八卦，好像成了工作社交的一種文化。如果在一群人之中，表現出不想參與八卦、刻意遠離的態度，可能會帶給旁人一種假清高的姿態，進而影響在團體之中的參與感。倒楣一點，離這些話題相對較遠，可能一個不小心就成為別人口中說三道四的題材，莫名成為職場邊緣人，搞得自己裡外不是人。可是參與了之後，跟著同事們講著一些無來由的八卦，被主管或是老闆發現，則有可能會被貼上亂講話的標籤。

　　身為上班族，不管主動或被動，總會聽到一些八卦。有的人好奇、有的人熱衷、有的人無感，可只要有參與，人們就會靠上來，

一群人聚在一起好熱鬧，不但能夠融入群體的感覺很誘人，假如又聽到一些很勁爆的消息，讓身邊同事覺得「你好厲害！怎麼連這些都知道！」，而有一種被捧上天的飄飄然。八卦如果只是聽聽也就算了，小講怡情，大談傷身，職場新鮮人想融入人群又不想被邊緣化，面對八卦一定要有十足健康的心態，該怎麼拿捏分寸，成為一門很重要的課題。

紀香的逆襲

　　團隊才剛接下一個很硬的案子，這案子已經折磨整個團隊將近三個月，執行長本來全權交由我來處理，後來因為跟執行長在工作中產生認知上的落差，我被要求不再負責該專案，而是由執行長親自領軍，帶著原本的團隊進行。那陣子公司裡面烏煙瘴氣，傳出各式各樣的八卦，大家對於我跟執行長之間的爭執有許多揣摩。有一次我去洗手間，還沒走進去就聽到一位同事大聲說：「紀香有夠差勁的，團隊帶不好，還讓執行長親自下來帶，而且兩個人還吵得不可開交，他現在超黑的，聽說很多問題都是他造成的，最好離他遠一點！」

　　說這話的是一位我非常看重的同事，而且工作上許多重要事

項都委由他來做，我甚至為了他的熬夜加班，替他爭取各種福利，希望他與團隊同仁都能夠被好好對待。所以聽到他這麼說，心情難免被影響。結果他回到位置上，還笑著跟我說：「加油啊！做出成績一定可以令其他部門對我們刮目相看，紀香你是老闆眼中的紅人，是明日之星！」這時腦海中同時也響起他在洗手間說的話，看著他宛如什麼都沒發生的表情，心情非常複雜。

另外一次，正準備要去會議室開會，途中經過其他部門，又聽到這位同事跟其他人大聊特聊，可能是聊得太開心，沒有注意到我經過，很大聲的說：「執行長很討厭紀香，要小心，不知道紀香到底做了什麼壞事，讓執行長非常憤怒，現在兩個人水火不容。」另一位同事還接話說：「聽說紀香先斬後奏，很多事情都獨斷獨行，沒有按照計畫來，全都說做就做，結果造成其他部門的困擾，更不用說跟他配合的單位，都很不爽大家得陪他共同承擔後果。」

我躲在旁邊，皺著眉，低著頭，聽他們在背後數落我，可是卻什麼也不能做。要是真如他們所說，我有那麼糟糕、惡劣，按照常理早就被開除了。為何沒有人想想，我之所以還能繼續在此工作，並負責相對重要的事項，一定有其理由？只不過，大家選擇聽自己想聽的，把我當作八卦在講，根本不管當事人的感受，就算事實與真相有很大的落差，或是我想跟他們解釋，也改變不

了他們心中認定的事實，彷彿大家都可以群聚在一起數落我，成了凝聚團隊共識的一種文化。

後來，八卦像是滾雪球一樣越滾越大，很多非常誇張荒唐的版本一個又一個冒出來，連帶影響到新進的同仁都被提醒要提防我，免得給執行長壞印象。我不多作解釋，他們傳的版本越來越誇張，有些不管怎麼想都很不合理，例如一位同事曾經問我：「聽說你擅自替執行長決定要購買設備，而那些設備未經同意就下了訂單，結果令公司蒙受損失。」我反問他：「所有設備要購買都要經過執行長、財務長、營運長三人，我哪來的能耐可以在未經同意下自行購買？即使真的買了，他們不付錢，我也無法下單。」同事這才點點頭，覺得我說的有道理。

另外一位同事，某天中午吃飯時問我：「有人說你跟執行長相處不好，甚至在他眼中很黑，是因為你挖洞給執行長跳，這到底怎麼回事？」我苦笑著回他：「都已經身為執行長了，我不過是個小小的事業部經理，要怎麼挖洞給他跳？即使我真有本事挖洞，身為一位執行長，連處理的本事都沒有，只能用相處不好來對待我嗎？退一萬步講，真要說我挖洞，這洞也不可能是我一個人就挖得出來的，比方說專案執行度不佳，是我一個人的責任嗎？當初在執行的時候，有很多事情是執行長下最後決策，我只是按

照他的命令去做，並且如實稟報。」同事聽了後也覺得有道理，但也只能安慰我別受傷。

不管公司內的八卦怎麼傳，每個人都各有定見與想法，很難真正還原現實。雖然有一句話是這麼說的：「真相越辯越明。」**可是在職場之中，有時人們想要的不是真相，而是一個能讓自己覺得舒服的說法，哪怕這說法根本就是假的**，徹徹底底是個編造出來的謊言，但是只要人們覺得這樣的謊言可以令他心安，自然會選擇繼續相信下去，就好像大夥都認為我在執行長面前是一個很黑的人，自然而然的，不管我們爭執的點是什麼，都不會有人在意，人們只想撿在意的點去聽、去看。

 倖存者聯盟

想要在職場之中遠離八卦幾乎不可能，但身為過來人，我想奉勸每一位聽到八卦的朋友，請記得，不論在什麼場合聽到，只要做到「聽過就好」，不要變成將八卦到處亂傳的大聲公。畢竟，很多八卦的真實性都有待商榷，萬一內容是假的、虛構的，而且會對當事人帶來傷害，身為八卦傳遞者、謠言講述者，一輩子都很難抹滅「造成他人傷害」這個印記。

　　特別是職場新鮮人，別把八卦放心中，而影響你對當事人的**觀感**，如果有人刻意來問，建議可以這樣回答：「我不確定耶，我當時沒有認真聽，也不知道是不是真有這回事。」如此即可遠離一些無謂的干擾。也許有人會覺得既然八卦是文化，要是一直跟八卦脫節，在辦公室中該如何自居？我的建議是：「偶爾笑笑地看待，然後在別人八卦的時候，說一些『是喔、原來如此、哇！』之類的話，不用參與加油添醋，一樣可以稍微有點存在感。」

　　要是擔心不聊點八卦無法在同事之間刷存在感，或是變成邊緣沒人搭理，真想說些什麼建立自己在群體之中的地位或印象，建議可以試著聊一些和公司內部、同仁無關緊要的主題，例如聊藝人、政治、時事、**趨勢**等，甚至講講自家親戚朋友發生什麼讓人白眼**翻**到頭頂的事情都好。公司是你每天待超過八個小時的環境，而同事是每天和你相處在一起的人，所有跟這些事情有關的八卦都有可能帶來負面效果，引火上身。

　　換個角度來說，要是你將這些大家隨意亂傳的謠言當作真的，跟著一起到處亂講，逢人就說個幾句，三不五時道人長短，不用別人刻意挖洞，你就自己跳進去了。畢竟計較這些無法驗證真假的八卦，莫名對同事產生無謂的主觀意識，甚至在同事眼中變成私德有問題的人，日後可能變成同類性質謠言攻擊的主角。如果

不想演變成這樣的局面，千萬別當那個散布謠言的人，聽完就把那些八卦都直接忘記吧！

要記得，你永遠無法預料誰會對你說的話加油添醋或刻意解讀，即便不是你說的，也有可能傳成你說的。我曾參與過八卦話題，也是被八卦中傷最多的人，在這方面吃過很多虧，因此更想提醒大家應該好好面對。我們不可能脫離八卦，但也千萬不要跳進風暴中心，惹得一身腥。

我現在會和同事們聊電影、聊音樂、聊市場或聊收藏，就是絕口不提公司八卦或客戶的祕密。**雖然選擇盡量遠離八卦，所需付出的代價是失去一些以為是真心能往來的朋友，承擔很長一段時間的孤單；但相對也獲得能聚焦在工作上的安靜環境，不會被不相干的瑣事影響，反而能真正地做自己。**

同事自我感覺良好，
其實根本什麼都做不好

新鮮人狀況劇

　　剛出社會不久的新鮮人，或許會聽到同事、老闆們在你面前炫耀自己的成就，一開始可能被唬得一愣一愣的，認為他們都非常優秀，但隨著時間推移，你也慢慢成長，可能會發現有人口中講得天花亂墜，但實際上不是那麼一回事，看著對方所說的和所做的有很大的落差，到底那些所謂的輝煌過去是怎麼一回事？還能不能相信？他的專業還夠嗎？是個值得信賴的主管嗎？那些漂亮的話術，有多少是真的？而我們到底應該相信什麼？

　　新鮮人不只很容易看到前輩自我膨脹的一面，很多人甚至透過社群來炫耀自己賺了多少錢、談了什麼客戶、獲得多少投資，但這些到底是不是真相，沒有人知道。畢竟，公司真的那麼成功，

還有時間在社群上發文分享嗎？真的談了那麼多大客戶，還有時間這樣向大家炫耀嗎？特別是客戶往往在合作上會謹慎小心，不希望正在處理的案子被競爭對手看到，進而影響案子的效益，而那些喜歡在社群媒體上炫耀的人們，有可能因此害得客戶在執行專案上帶來阻礙，甚至是被競爭對手刻意模仿學習。

職場中，想要鞏固自己的地位，營造出成功人士的表象很正常，特別是比較資深者，想要取信於他人，只得做出一些較為外顯的行為，讓身旁的人以為他好像做得很像樣。這些事情在所難免，但相對的，形象越鮮明，越容易讓人拿出來比較，尤其是最後的相應結果，是不是符合他所說的？表象不一定是真的，但欺騙之後的不信任感，卻是實際存在的，到底該不該戳破假象？或者讓他繼續自我感覺良好，再帶給其他人困擾？

紀香的逆襲

經歷過不知多少個不安、折磨的夜晚，終於爭取到對方的信任，好不容易接下一個大案子，我高興地在臉書上分享這個喜悅，並且高談闊論的說：「我們即將在這嶄新、先進的領域有著一席之地，將為這市場帶來更多新鮮、好玩、獨特的生命力，讓大家

感受到我們團隊的活力與能力。」像是在跟世界宣告自己的本事再向上一階，對於即將展開的新工作充滿期待。

　　專案正式展開後，我們面臨既要招募人員又得建立團隊默契的挑戰，沒有想到這些正在前進的過程，還得同時處理工作進度與各種未知麻煩。因此，專案才開始沒多久，內部溝通已經發生許多衝突，更不用說執行狀態不如預期，合作夥伴對我們產生巨大疑惑。三個月過後，狀況不僅變得嚴峻，甚至極度惡化。同事們互相指責對方：「你該規劃的沒有規劃好，文件要做的也沒做好，我們要怎麼執行？」另外一方則反駁：「我們做再多你都不會滿意，那個要挑、那個要嫌棄，好像沒有按照你們的規則一定錯，即使照著做還是有錯可以挑，都是你們在說，我們在做，還要為你們扛起沒做到的責任。」

　　我試著想要緩頰，結果火越燒越旺，反而被嗆說：「你不是很行？管理團隊說得頭頭是道，但實際上看起來有很大的落差，現在大家各想各的，該做的又沒做好，你覺得我們有什麼本事將這案子做到一個像樣的狀態？你厲害就提出解決方案啊？」

　　突然被這麼一嗆，我竟不知該怎麼回答，對方又繼續炮轟：「講到要怎麼做，你每次都說得頭頭是道，也常聽你說執行過哪些專

案，做得多麼有聲有色，現在要你將遭遇的問題好好解決，感覺上根本不像嘴巴說的那麼屬害，還以為你有多行，擺明是個空包彈。」被同事這樣批判，心裡非常不好受，卻是啞口無言。雖然能理解他的憤怒，但團隊前進的過程，遇到這些狀況其實難以避免，只不過沒想到我竟然得一肩扛起。

　　直到跟合作夥伴開會，對方劈頭就說：「本來這件事情就不容易，可是你卻說得很簡單，我也選擇相信，但從現在的成果來看，這選擇似乎是錯誤的！雖然我也有責任，畢竟只聽信你的片面說法，就以為你是個很有本事的人，真的可以做點東西出來，現在看起來你只是自我感覺良好而已啊！」被他這麼一說，我瞬間像是被推進地獄，迫使必須花費更多心思將團隊帶向正軌，只是整個運作的齒輪已經卡死，想要做出改變也只是徒勞無功，心中雖已漏氣但還是不想放棄。

　　經歷一連串的彼此磨合跟互相消耗之後，有些同事選擇離職，我則只能看著專案進度不如預期，承受所有結果。再看看自己臉書上曾經以為能帶來的變化，已像泡泡一樣破滅，那些曾經有過的期待，還有遠大的抱負與計畫，此刻看起來完全像個笑話，一點成績也沒有交出來，特別是外界早就在等待結果的人們，好像看了一齣由我主導、既胡鬧又可笑的鬧劇。最終，我們不僅沒能

把事情好好做出成果，團隊成員也一一離開，只剩下我一個人收拾爛攤子。

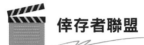 **倖存者聯盟**

　　職場生存首要法則：「專注做好自己的事為優先，別管別人說了什麼或是做了什麼，自己能做到才是最重要的。」有的新鮮人會因為自己經驗不足，常常將眼光放在外面，注意那些他們覺得很厲害，或是自以為很厲害的同事身上，偶爾還會聽這些同事多講個幾句，想像著自己有朝一日也能像他們一樣優秀。可千萬別忘了，工作看的是產出和成果，不是看誰比較會說或是比較會演，如果將重心放在那些只是很會說的人身上，以他們為榜樣，勢必會影響到接下來的工作表現。

　　同事感覺良好是他自己的問題，可是如果他言過其實、而你又照單全收時，那就是惡夢的開始。錯估對方的能力，當日後有專案需要實質合作時，可能他說的是一百分，實際能做到的只有二、三十分，導致專案執行爛尾，不僅執行過程令所有人痛苦不堪，結果還要承受最終的苦果。想要避免這類狀況，建議你在跟對方互動時，發現他一直在講過去的豐功偉業或是非常厲害的成果時，

稍微問一下當初執行的狀況，或是多追問一些細節，請他多分享當時的經驗談，而不是只聽結果。一個案子能做好，多數靠的是團隊，很難一個人就可以做得多棒，假如該人又是一個好大喜功的人，也許還會將所有功勞往自己身上攬，說得好像都是因他才有這番成果，此時就得多加謹慎，問清楚執行團隊有多少人，他主要負責哪個部分，從中聽出潛藏的問題。

每個人多少都會包裝自己，讓自己在對方眼中是自己想像的樣子；想辦法理解這層道理，不要只是單方面聽信對方的誇大其詞。**自我感覺良好並沒有錯，想怎麼表達自己的成就，屬於個人自由，職場新鮮人要有本事去辨別哪些人會說，哪些人會做，哪些人會說又會做，這才是提升生存技能的重點。**如果不懂得分辨，盲目地聽信，甚至天真地以為有人可以靠，不僅自己吃大虧，甚至有可能成為對方的待罪羔羊。「聽一個人說什麼話之前，先看那個人做了什麼」，他可以感覺良好，但你必須不能被迷惑。

最後特別加碼提醒，即使對方真的是個空包彈，你也沒有資格去怪罪或責難對方，他如果自我感覺良好，一時半刻應該不會想被你打醒，千萬不要因為自己的天真，為自己招來得罪人的下場。

下班累了只想回家，
同事們卻一天到晚約唱歌？

新鮮人狀況劇

　　一般來說，公司為了要培養活潑文化，讓同事之間減少隔閡，增加默契，通常會由老鳥帶菜鳥辦團康、準備各式各樣活動，大一點的公司，甚至會細分到由部門、事業、公司個別舉辦。這樣的活動要是一年辦個兩、三次，因為是公司舉辦，可能不好意思拒絕，但如果常常需要加班，已經累到完全沒有玩的動力，同事還很愛約出去唱歌玩樂，到底該拒絕還是答應？

　　在同事盛情邀約之下，要一口氣狠心拒絕實在不容易，同時也會擔心不跟大家混熟一點，之後在工作上或許會因為沒有感情基礎，想要請對方幫忙時被拒絕，交情不在，有很多事情處理起來很麻煩，結果一次、兩次、三次之後，慢慢在同事心中建立起「你

蠻好約」的印象，之後大家要約人找基本盤，第一個想到的就是
你。但在公司越受歡迎，難以拒絕的邀約就會越來越多，每天晚
上可以好好休息的時間都被各式各樣聚會給剝奪。

好不容易意會到下班後的頻繁社交活動已嚴重影響白天工作
效率，尤其想到隔天還有重要會議、或跟客戶約一大早開會，於
是開始會試著拒絕邀約，能躲就躲、能閃就閃，好快點回家休息，
做好明天各項工作的準備，好好充電。面對工作跟交際，到底兩者
之間該怎麼決定才好？應該要以人際關係為重，不顧一切赴約嗎？
還是以工作為重，處理好手邊的任務再說呢？

紀香的逆襲

我個人在職場上的社交經驗或許與大部分的人不同，因為我
個人特質較為鮮明，比較難融入社交群體之中，再加上天生具有
社交恐懼症，害怕與人相處，所以在團體之中總會特別離人群遠
一點，可以不要跟人交際就不往來。也因此，我很少收到同事們
的邀約，連公司舉辦活動都會找一堆理由不去參加。久而久之，
職場邊緣人的標籤早已貼得我滿身都是，更不用說沒什麼人會與
我往來互動，平常跟同事之間沒有共通話題，能講的話大概只剩

下工作，在他們眼中，我就是個徹底無聊、單調、乏味的人。

　　有一次，副總問我：「為什麼中午時間都不跟同事出去吃飯？」我回副總：「他們沒有約我，我也不想要打擾他們，可能我跟他們出去吃飯會帶給他們壓力吧。」副總有點生氣的說：「沒有人約你，你可以主動去跟他們混熟啊，來到公司不是只有工作，還是得培養人際關係！你自己一個人能做的事情有限，公司運作還是要看團隊，要是沒辦法跟同事培養工作默契，遇到比較困難的案子要怎麼把團隊工作做好呢？」

　　我聽了感到有些無奈與不悅，怎麼交友是我的事，何必被主管叮嚀？副總看我一副不悅的樣子，直接下達命令：「總之你想辦法跟大家混熟，這是我給你的短期任務目標！」

　　聽副總這麼一說，心情大受影響，雖然不甘願，但不做也不行。有一天午休，我主動跑去找同事，開口詢問：「我可不可以跟你們一起去吃飯？」同事回我：「稀客啊，怎麼會突然想要一起吃飯？」我不知道該怎麼回答，同事竟回我：「那就一起出去吃啊，走吧。」就這樣，午休時間我開始主動找同事吃飯。

　　某天，我照常去找同事吃午餐，結果突然被拒絕，其中一位

同事還很不耐煩地回我：「你夠了沒有，你以為我們喜歡跟你吃飯嗎？要不是副總請我們多照顧你，不要把你一個人丟在辦公室，才勉強跟你一起吃飯，結果你竟然這麼不長眼，你都沒有發現跟大家出去吃飯，沒人想跟你聊天、沒人想走在你旁邊嗎？」

其實我一直都知道，雖然很清楚自己在團體之中很格格不入，但我選擇忽視，我相信事情只要做了就會有可能改變，也只有自己願意做了才有可能看到不同的結果。被拒絕後，我默默回到自己位置上，很想哭卻一滴眼淚也流不出來。

經歷這次事件後，我在心中發下重誓，不管未來誰說了什麼，我都不會主動加入或參與各種社交活動，即使有人主動來邀約，也要看看跟對方有沒有交情，絕不成為別人口中的累贅。往後十年職場生涯，除了尾牙這種全公司一定要到場的活動之外，我沒有再參加任何公司的社交活動，我活在自己的封閉世界中，線上遊戲成為我人生的全部，我不需要靠任何一個真實世界的人來培養人際關係，線上遊戲之中的我，可以是公會會長，也可以是帶著數十個人攻略難度超高副本的隊長。

人生有趣的地方在於難以參透命運安排，長時間不與人相處，隨著我成為主管、經營者、老闆之後，同事對我所處位階產生了壓

力、距離感，更是不大願意來找我。曾經很在意的事情，長期在心中磨耗掉的感受，早已漸漸無感，同事們疏離的感覺，反倒不再影響我的情緒，換來的更多是平靜，而那些說著要培養人際關係才能在職場上換得一個好基礎的說法，在我身上完全呈現相反狀態，因為少掉社交干擾，能夠專注投入在我有興趣的領域之中，好好學習與精進那些不熟悉的事物，從工作中磨練，在休息中成長，妥善運用時間，因為人際關係不好，反倒持續投入時間在專業上，獲得不錯的發展機會。

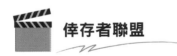 **倖存者聯盟**

　　關於群體社交該怎麼做出適當的選擇，以前老闆曾告訴過我一個道理：「每個人都有自己的生活風格，沒辦法要求別人進入你的世界，但是你可以主動去敲門，試著進入對方的世界。或許會有人大門緊閉不開放參觀，你可以選擇一直敲門展現自身熱情，但也得想想，對方承受這類熱情而來的壓力，又會是什麼心情？換個角度來看，如果你本身是一位非常受歡迎的人，每天都有各方源源不絕的邀約，能統統都給予符合對方期待的答覆嗎？世事無絕對，別拿固定的答案框住自己或別人。」

　　身為過來人的建議，還是職場新鮮人的你，適度參加活動即可，不要刻意想培養人際關係，為了做而做，這是最不健康也不一定最好的做法。因為別人不會看在你好約，對你印象就大大加分，有時對方前來邀約，只是想要多個分母攤提費用罷了，別把自己看得太重要，少參加幾次不會怎麼樣。有新鮮人會擔心常拒絕會被同事們排擠，如果是的話，代表這並不是一個正常健康的社交圈，也只能摸摸鼻子做好自己的工作，畢竟就算社交做到一百分也不會改變你被要求的績效。

　　別因人際關係的考量，壞了自己的工作表現，如果忽略工作的本質，以為多花心思跟資深前輩打好關係，工作起來就能暢行無阻，那就大錯特錯了。事實上，跟公司裡的誰比較好，並不會替工作帶來加分，頂多比較有人緣，工作表現好或不好，跟人際沒有絕對關係，甚至當你沒有像樣的表現時，那些人際關係也會逐漸遠離，甚至令你感到職場現實殘酷的一面。

　　過與不及都不好，上述的建議是期望新鮮人不要只想著應付人際關係而做，而是要懂得怎麼去調適與安排。並非人際關係不重要，在時間允許的狀況下，好好維繫與同事間的關係，在人與人之間的印象多少會有加分，千萬不要本末倒置，將下班後的時間花費在與同事的交際應酬上，忘了做好時間管理和自我約束。

最後，提醒各位，如果要拒絕對方，別忘了加上一句：「最近比較忙，抱歉，下次一定要找我喔！」讓對方知道你有拒絕的理由，加強在這件事情上溝通的力道和深度，不要在他人心中留下難相處的印象。工作能做好，同事間的關係管理好，職場上未來的發展勢必會有大加分。

CLOCKWORK

討厭又煩人的請託，
怎麼拒絕才不會被當耍大牌？

新鮮人狀況劇

　　工作上難免會遇到需要團隊互相協作的任務，有時候共同執行一個專案，責任歸屬難以區分，又都是同一個部門間的任務，或許大家不會計較太多，共同完成一份工作反而會讓人有歸屬感。但如果同事希望你多幫忙，但你不太想答應，甚至疑惑對方怎麼會把這種工作丟給你，看著自己手上已經要滿出來的工作，若再接手肯定得加班，那難道要直接拒絕讓對方踢鐵板，被扣上難相處的帽子嗎？

　　突然被拜託不喜歡的工作內容，加重自己的工作量，到底該不該接受，是職場新鮮人常常面對的問題。看著身邊的同事，大部分人都默默承擔，即使把自己搞到垮掉還是硬著頭皮接下，好

像已經是不成文的文化，是不是被交辦不想要做或是根本超出自己責任範圍的工作，已成為企業之中的常態？如果是，難道忍氣吞聲做下去是對的嗎？可是想拒絕，真的能做到嗎？會不會因此被列入黑名單？

真被扣上耍大牌、難相處的自大標籤之後，未來在公司還有發展機會嗎？觀察身邊那些主觀意識很強的同事，常常為了自己堅持的工作原則，拒絕同事們的請託，最後成為職場中的孤鳥，這對菜鳥來說好嗎？在還沒有累積足夠的工作經驗之前，貿然拒絕認為麻煩的請託，給別人一種柿子挑軟的吃印象，最後會不會連像樣的工作都不會落到自己身上呢？各種煩惱迎面而來，究竟該怎麼拒絕才不會被當作耍大牌？

紀香的逆襲

某日下午接近三點，突然有同事大喊：「好餓喔，好想吃下午茶！」其他人也跟著響應：「對啊！突然想吃雞排或零食！」大家一言我一語地討論，卻沒有人跳出來說要幫忙訂購。我剛好手上工作忙到一個段落，想說可以做點別的事情，於是主動說：「那我來幫大家訂下午茶好了，大家要吃什麼？」話一說出，大家歡

聲雷動，開始積極討論，很快就有結論。「那麻煩訂個附近知名的炸雞排好了，再配上珍珠奶茶！」

於是我開始統計數量、填寫訂單、逐一收錢，然後打電話給店家訂餐，已經花費不少時間，還有同事猶豫不決要什麼，反反覆覆地改來改去，再加上有的人是大鈔沒零錢，有的人則給了一堆一元零錢要一個一個點，處理起來相當繁瑣，莫名其妙成為下午茶特約服務生，耗費將近一個小時，即使是自己主動舉手幫忙，也忍不住在心中碎唸再也沒有下一次了！

最後店家說人手不足，無法外送，只能親自去領餐，我的臉當場就黑了。本來以為只要打打電話就可以完成的事情，沒想到還得出門一趟，大包小包提回來。結果同事看到我準備出門，紛紛跳出來：「能不能幫我去郵局領個東西？」、「我不想喝珍珠奶茶，可以順便幫我買一罐便利商店的飲料嗎？」、「可以的話，我的資料還在影印店裡，離雞排店不遠，大概過去就印完了，回來幫我順便拿一下！」我真是傻眼，明明只是幫忙訂個下午茶，瞬間變成公司跑腿的。

不好意思婉拒同事，反正既然都要出門，順道一趟路途把能做的事全部做一做，好像只是舉手之勞，結果我頂著下午豔陽，兩

手大包小包，繞到好幾個地方，完成一項又一項任務，整個人狼狽不堪，回到公司還要負責一一發給每個人餐點，經歷重重關卡，終於結束這個「義舉」，正當我準備喘口氣，享用自己的點心時，同事拋來一句話：「紀香，你人真好欸，謝謝你。那下次下午茶再麻煩你囉！」

聽到這樣的「稱讚」彷彿晴天霹靂，難道我看起來真的這麼好使喚嗎？我是自願幫忙，不代表以後要負責這件事情欸！過沒幾天，有同事下午特地跑來問我：「紀香，你今天要不要訂下午茶？」因為中午吃得比較飽，我直覺回答：「沒有欸，今天沒打算吃。」沒想到同事卻回答說：「可是我想吃啊。」我不經思索地反問：「那就去買來吃啊！」他竟然回我：「有人說訂下午茶可以找你幫忙，你比較有經驗，而且手腳很快！」就這樣，我莫名其妙成為負責下午茶的固定人員。

本來想說那就發揮同事愛，竟然都說到這種程度，乾脆幫忙處理一下吧！沒想到後來愈演愈烈，同事們竟然開始問我有沒有多收集一點外送菜單、可不可以多一些不同的下午茶選項，我不但身兼服務生、收銀員、外送員，還成為下午茶參考資料庫。幫忙做久了，心中逐漸累積怨恨，忍不住直接說出：「為何訂下午茶只能找我？我也有忙不完的事情要處理啊！下次換個人吧！像

是誰誰誰應該也可以幫忙啊！」結果這位被我指名的同事瞬間不爽地嗆我說：「干我什麼事啊？是你要吃下午茶欸！」我帶著一堆問號及不甘願回答說：「我也沒有要吃，我只是幫忙而已好嗎！」從那次之後，我的爛脾氣就成為同事對我的印象，之前的好人好事全被遺忘。

 **倖存者聯盟**

　　遇到煩人又不屬於自己負責工作的請託，心裡不是很想幫忙，但又不希望破壞在同事心中的形象，該如何做才不會得罪人呢？首先，遇到一些奇怪請求時，可以先跟對方說清楚，該工作不在你的權責範圍之中，先做足溝通的工作，確認對方能夠理解你這麼做是出於同袍間的善心和熱心，而非一定要攬下這個部分。如果一開始不將責任歸屬釐清，大家就會把你的好意當作是理所當然，日後這些煩人的瑣事只會越來越多、越來越雜，這些理所當然累積起來，自然會成為你的負擔。

　　一般部門間同事的請求，可以直白簡單，將立場挑明，不需要拐彎抹角的迂迴應答；但碰上主管或老闆的要求，相對需要更好、更適當的溝通技巧，通常來說無法直接拒絕，因為拒絕之後，

可能會招來災難性的結果。這種時候記得要多加上一點話術，比如跟主管說：「您願意交代給我，能幫上忙是我的榮幸！不過因為我手上已有一些您交辦的工作，如果還要多做這些工作，我怕會影響現有的進度，是不是能請您幫我斟酌一下，看看哪一件事情比較重要？由您先來定奪工作的優先權，這樣我會比較清楚什麼該優先處理。」將現況帶入，讓主管知道你不是故意推託，只是需要弄懂優先順序。

　　很多主管在安排工作時，往往不一定能精準掌握該人正在處理的事項，所以確認是否要接手新工作之前，先讓主管理解工作現況，可以有效排開一些不必要的困擾，替自己的理由多一份支持的依據，而非純粹拒絕而已。同樣的，比起主管來，老闆更難拒絕，因此碰上老闆提出的要求，建議在做任何回答之前，趕緊把主管拉到身邊，讓主管知道老闆想要交付什麼工作，讓主管心裡有個底，以免老闆的工作特別難搞、耗時間，搞得原本的進度延誤，其實對所有人都不好。

　　萬一真的不想幫其他人做這類不是自己工作的事情，而想果斷拒絕對方，也要記得練習好拒絕的話術，千萬不要擺出一張臭臉跟對方說：「為什麼每次都找我？明明有一堆人可以找，是覺得我工作太閒沒事做嗎？」這種溝通帶著明顯負面的情緒，很容

易被誤解成你在耍大牌、幫個小忙都會計較。

如果你真的想當個麻煩終結者，跟自己工作利益無關的一概
不做，那得想清楚，職場之中沒有累積、建立相關的後援夥伴，
未來在工作的進行上可能會成為獨行俠，遇到相對較難處理或一
個人無法解決的問題，而需要同事們的外援時，或許對方也會找
一堆理由來搪塞，這下就換你要吞沒有應援的苦果了。

部門整體業績差，
怎麼可以算在我一個人頭上？

新鮮人狀況劇

　　任何一份工作，都難以與績效脫鉤，不論是行政職、後勤支援職，都是為了令公司得以生存、延續下去而存在，所以每個部門都有各自的目標，而這些目標必然與公司成長績效連結在一起，連同業務、行銷部門掛勾起來，因此，不管職務類型為何，或多或少都得面臨業績或是績效的壓力。先理解這份現實，再來看看職場新鮮人，是不是可以在各種績效指標下找到自己能夠自居的位置，將被指派的任務做好，完成公司的目標。

　　身為一個沒有太多經驗和歷練的職場菜鳥，能力累積尚未到位，可能工作還不如預期，甚至離目標非常遙遠，在同儕相互比較之下，硬是矮人一截，成為主管特別鎖定關照的對象，導致只

得想盡辦法出奇招來求表現，只不過外在環境與市場阻礙，讓許多事情真的沒辦法如理想中那般順利，就算耗費心神、煞費苦心，幾乎將所有時間投入工作，成績依然不是很亮眼，進而被主管貼上績效不彰的標籤，連帶影響其他同事的觀感，成為別人眼中辦事不力、沒有能力的人。

客觀來說，績效不單只是一個人的問題，整個部門的業績普遍不理想，公司給予的成長目標訂得離市場現況有些遙遠，實際執行時，發現很多事情根本難以達成，但檢討時總得有代罪羔羊，主管挑出來唸、點出來罵，這時沒經驗又沒成績的人，很容易成為主管修理的標的，變成部門檢討時的活箭靶。明明每個人做得都不理想，唯獨自己被特別放大檢視，壓力超大，連帶影響工作情緒，只要遇到業績討論就是你倒楣，面對一個人扛不起的業績，到底該怎麼去面對？

紀香的逆襲

我曾在一間傳統企業工作，該公司剛成立網路事業部，而我是網路事業部經理，負責網路事業部的新項目。老闆雇用我的唯一理由就是我很懂也很熟悉網路，所以只要想到跟網路有關的，

都會先來問我。後來，網路行銷逐漸抬頭，市場上越來越多網路行銷可以帶動銷售業績的聲音，我也不只是做網路行銷，同時還得負責銷售工作。

當時，線下門市業績衰退，但公司的行銷跟推廣方案依然屬於比較被動的模式，以店內佈置作為銷售話術，期望可以藉由更改佈置提高消費者付費意願。只是，這招沒有辦法改善每況愈下的門市業績，來客數大幅下降，單憑店內的海報佈置並沒有辦法喚回老客戶，也沒能觸及新客戶。

有一天，老闆在主管會議上突然宣佈：「接下來由紀香來負責提高門市業績。」我瞬間腦袋空白，因為門市收入佔公司整體營收比例最高，是老闆最重視的部門，對於其他不是直接和門市業績相關的部門，像是網路事業部，他會要求我們善用線上資源來協助門市，利用虛實整合帶動人氣潮流，創造業績，所以老闆最常對我說：「紀香，你不是行銷很在行嗎？你要靠你的能力幫忙創造共同成長啊！」好像網路是萬靈丹，只要老闆想要就會帶錢來。

不管是零售、門市、系統，只要公司的營運項目還有成長空間，我就會被點名出來，表面上看似老闆心中的寵兒，可是隔行如隔山，網路要導人流到線下的門市，不單只是做曝光就好，還要

有很多配套方案，並且門市也得做過教育訓練，才能線上線下無縫接軌地整合。但是門市業績越來越差，常常被老闆點名出來罵，再加上老闆請求其他部門主管協助門市，等於間接否定門市主管的付出與用心，造成內部派系鬥爭，像是門市對於網路事業看不順眼，總覺得我們只需要用用電腦、打打字、做做圖就好，而他們卻得處理貨品、人員訓練、銷售話術、門市配置等等工作。

老闆提了越多次要網路事業部協助門市，門市對於我們的積怨就越深。有一次，老闆在會議上特別提到：「應該各個部門都來向紀香學習請教，網路行銷是未來趨勢，只有跟著趨勢我們才得以成長。整間公司最懂網路的人在這，不論業績還是行銷或活動，各部門的業績都得成長，找不到方法或是做法，就想想網路還能多做什麼？做多了，也許就做對了。」老闆說完，我直覺不對勁，果然會議後就有主管私訊我：「你們做網路的又不懂我們在做什麼，如果什麼事情都靠網路就能解決，那你們來做就好了，何必還需要我們？」陸續收到帶有攻擊意圖的回應，我在公司之中變得越來越邊緣。

日積月累之下，網路事業部要支援的項目變得很龐大，但本業卻沒有做好，導致業績始終沒有明顯成長，跟老闆之間的蜜月期也過了，終於在一次會議上被老闆點到：「網路事業部績效太差，

糟糕透頂，比起其他事業爛很多，身為經理人要想辦法做到才是！怎麼會放任網路事業的收入疲乏不振？紀香，你不僅沒有帶動其他事業的業績成長，連網路事業也做得很糟，給我注意一點！同樣狀況再持續下去，我一定要你走人。」

老闆罵完沒多久，我真的走人了，因為協助太多其他事業部的工作，網路事業部無法聚焦的同時，同事們的工作量也到達臨界點而難以負荷，最終的結果是整個網路事業部被裁撤，而業績不好的部門依然沒有起色，從頭到尾沒有任何問題被解決，事情繞了一大圈又回到原點。

倖存者聯盟

如果你在公司中經常被放大檢視，做得不好時，人們總會把你挑出來講，某種程度代表你佔有某種優勢、或是在公司取得一個較好的位置，因此很容易被人看到、注意到，這樣有好也有不好。好的地方是，能做出漂亮的結果，為公司帶入不錯的收入，當然會獲得許多認同甚至獎賞；不好的地方則是，只要沒有做出讓人接受的成果，因為所處位置太醒目，所有過程中的關注立刻會轉化成為攻擊力道，成為日後推展工作的阻礙與限制，連帶著在檢

討業績時，也會被拖下水。

　　要記得，當鎂光燈的投射焦點在你身上時，想要躲開衝下台已經不太可能，硬要躲避只是讓場面變得更難堪，**既然躲不過，那就正面對決吧！要是權責分不清，什麼事都會被點到名，還不如一肩扛下，至少事清楚明白！**與其逃避常常成為被點名的那一位，倒不如藉這機會積極充實並提升自己，花費時間去了解橫向跨部門溝通的作業內容，理解別人做不好的問題在哪裡，從中強化個人專業，積極提出對策與做法來嘗試更動。往好的地方想，備受重用是在職場之中得到老闆、主管期待的人才有這般待遇，其他人也許做再久、奉獻再多，都不一定會被看到。

　　別擔心工作做不好會招來什麼處罰，反正整體業績也不是你一個人的責任，被點到就全力衝刺，做多少是多少，哪怕最後結果不理想，可至少已盡力而為，不落人話柄，同事們自然會看到你的積極作為。職場流傳的「多做多錯，乾脆少做少錯」，這般消極思維或許可以作為自保、求生存的一種做法，但也得前提是「沒人在關注」的狀況下才行得通，要是今天碰上一個特別賞識、重視你的主管或老闆，想要閃過他的目光，實在很難辦到，尤其公司不大、在百人規模以下，每個人在做什麼，通常只要細心看還是一清二楚。

　　隨著經歷越多，我越理解「能者多勞」在職場中是不變的鐵則。不要擔心別人將所有重責大任都賴在你身上，還不如想成時運跟勢頭都來了，趁這機會跟著衝上浪頭，掌握機會大展長才，即使最後可能會摔得粉身碎骨、傷痕累累，可那也好過沒人理會、沒人重視、沒人了解的寂寞孤單世界。機會不是說來就來，也許這次被關注重視後，因為能力不足而搞砸，也別想太多，將整個過程與結果吸收內化成未來成長經驗的養分，有過經驗去嘗試，遠遠好過連機會都沒有、想做沒得做的窘境。

　　被公司同事、主管、老闆們特別注目，正向一點想的話是種肯定、認同，比起做一位默默無名的隱形人，被關注之後，不管是發展或升遷，機會肯定比別人多。藉著大家都聚焦在你身上的時候，多刷點存在感，將莫名其妙加諸上來的各種壓力、重擔，當作鎂光燈聚焦在身上，至少熱情活力不輸別人，起碼在那瞬間你是所有人眼中的最佳主角。請拿出全力，做出生平最棒的表現，無關乎業績、成效，只著重在你所展現的態度。

　　做對的事情不容易，但更不容易的是連對的機會都碰不上，那才是真正磨耗工作者的心志。

不是刻意搶功勞，
但事情真的都是我在做！

新鮮人狀況劇

　　職場新鮮人因為工作經驗較為缺乏，常常會分配到較多基礎工作，可能是一些比較簡單或是不會影響現有重要客戶的專案，主要是因工作經驗與磨合默契還沒有到彼此能互相信賴的程度。只不過，隨著被分配的項目越多，完成的工作效率越佳，主管感受到新鮮人的工作表現還不錯，反覆幾次之後，無形之中形成了「交辦工作、順利完成、再交辦更多的工作、又順利完成」的規律，形成一種做越多、工作越多的現象。

　　「能者多勞」這句成語，在職場中無人不知。一個人如果被交辦的工作沒辦法如期、正常的完成，通常不會有更多工作被交辦。新鮮人難免求表現，隨著工作量越來越大，要承擔更多的責

任與壓力，沒想到周圍的同事卻開始傳出：「很會做嘛，喜歡在主管面前表現，那麼愛做就做到死吧，反正功勞都給你搶，最好不要出錯，不然後果就你一個人擔！」感受到同儕間對於因為能順利完成工作而獲得主管賞識形成一種詭譎的氣氛。明明不是自己刻意去爭取，只是因為不停被指派工作，又持續完成之後，被主管認同獲得嘉獎，卻莫名成為同事之間被說閒話的主因。

工作越做越沈重，每次獲得口頭嘉獎時，身旁感受到的同儕壓力也就越重。好像並未因為工作做得越多，得到同事們更多的信任，反倒搶走了他們的光芒，讓他們變得黯淡無光之後，造成他們常被拿來比較或是批評。可是，這些工作明明不是自己爭取的，而是主管在分配工作時，忍不住分配給比較擅長的人。面對龐大的工作量已經被壓到無法呼吸，還得面對同事們的酸言酸語，令人有一種腹背受敵的感覺，尤其每次被稱讚，另外一股犀利的眼光也會投射而來，以為你愛攬工作、愛搶功勞，難道，主管分派工作的時候可以說不嗎？

紀香的逆襲

因為具有設計的底子，又做過企劃與行銷很長一段時間，再

加上為客戶開專案，處理系統規劃、設計資訊產品，因此在公司裡，我成為相對比較特別的異類，好像很多工作都可以做，而各個不同單位的主管，也喜歡將工作分配給我。才剛到職，手上已經接下一個千萬的案子，這案子需要從設計開始，一直到企劃，再到技術研發，最後進入市場做行銷。當老闆指名要我處理時，心中感受是一則以喜、一則以憂，喜的是才剛進公司就能做到大案子，還聽說公司內部很多同仁正在爭取，表示此案子做得好，未來升遷沒煩惱；憂的是工作量非常驚人，短期之內無法正常上下班。

那天交辦工作時，執行長說：「公司未來發展就靠這個專案了，雖然這個專案是為了客戶而做，未來做完後也會成為公司下個階段的主力產品，同時替公司帶來兩種發展的可能性，因此奠定此產品發展的基礎很重要，這就得仰賴你多元的工作經驗，沒有你過去做過這麼多類型的工作，要將這案子完成有相當高的難度。你的專長完全符合這案子需求，因此我選擇由你來負責主導此案，即使公司有些不同的聲音，但我還是期望你能夠排開各種阻礙，想盡辦法完成案子。」才剛到公司，能有如此榮幸獲得執行長的認同，非常高興，可也誠惶誠恐。

或許該專案的案型恰巧符合我過去所有工作累積下來的經驗，因此做起來相當順手，不論跟設計溝通，還是自己著手做各種企

劃、提案，全都難不倒我，不到一個月，專案已經有可供各單位執行的雛形。執行長於會議上確認進度之後，愉悅地說：「很高興能有紀香這般專業人才，案子才得以這麼快速推動，接下來各單位如有需求，都可以協同紀香來處理，也許可以改善公司最近執行不彰的問題。」聽完執行長的話之後，心中是有那麼一點開心，可更多的卻是擔心與不安。

一次又一次的會議之中，獲得執行長的認同，原以為這樣子會讓我的工作變得順利，可卻招來內部同仁們的一些負面聲浪。有的人說：「很愛巴結又愛在老闆面前表現，當然受歡迎囉！」也有人說：「所有事情都給他做好了，反正他那麼行，這麼受老闆看重，工作全部交給他我們也落得輕鬆。」這類型的八卦不絕於耳，同時，我的工作量不僅變多，甚至變得相當沈重，很多不懂、不熟的工作，也被一一交辦過來，例如成本、財務試算、營收預估、經銷商分潤計畫等等，本來能做好的事情變得開始會出狀況，隨著出包的比例越高，在執行長心中的信任度逐漸變低。

直到有一天，執行長不再誇獎我，反而指責我工作所犯下的錯誤，還有對各個不同部門之間所帶來的困擾，在會議上帶點憤怒的說：「紀香，你的工作表現怎麼會差異如此之大？剛承接大專案時表現很好，為何後來經手其他案子，進度反而不如預期？整

個執行進度大幅延誤就算了，還充滿錯誤的規劃內容！」我不知道該如何回覆，因為一項又一項工作的承接，某種程度也是虛榮心的驅使，不想拒絕以獲得更多的認同，才導致今天的結果，這時說什麼都是多餘的，只能想辦法重新來過，但在多數主管心中，我已經是個爭功諉過、能力言過其實、很難共事的對象。

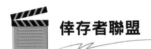

倖存者聯盟

我常跟很多朋友提到工作中一個很重要而且不可忽略的觀點：「自量力，而有所為。」職場之中，不是比誰做得多，誰的功勞就特別多，有時尋求的是一種工作付出與成果獲得之間的平衡。一直接工作，也要能掌握好工作節奏，按照自己的步伐完成，並且帶出具體的成果，才是職場之中的工作要領。別為了短暫的稱讚或是誇獎就飄飄然，接下超過自己能夠負擔的工作量。先理解自己的能力極限，調整好自己的工作心態，才是工作能夠長期做下去的關鍵，沒有這樣的基本認知，只會把自己搞垮。

要是現在的你停不下來，無法婉拒工作，還不懂得在職場之中說「不」，每次看到工作沒人攬就習慣性地直接接下來，解救自己最好的做法就是將手上的工作表列成清單，做成明確清楚的

To Do List，利用表單來管理工作。工作都承接了也無法推掉，因此能夠養成習慣，將工作一項又一項列出來，並且把工作的重要性、完成時間做個排序，採取結構、組織化的方法整理工作，可以清楚掌握自己到底答應了多少工作，還有哪些工作是即將到期，避免因為工作延誤遭來更大的非議。

但對於職場涉獵未久的新鮮人，請務必謹記，攬工作的習慣還是得多少改掉一些。不論是否能夠獲得主管賞識，每個人每天能運用的時間都一樣，接下越多工作，代表承擔的責任就越多，要是沒有將自己該負起的責任做到位，反倒做了很多跟自己主要任務無關的事務，最後還是得面對工作檢討。尤其，工作比的不是誰做得多，而是誰做的比較有效益，能為公司帶來較大的貢獻，千萬別貪圖表面上的認同或是誇獎，而忽略了所有的工作必然都跟成效、績效有所掛鉤，沒能為公司帶來符合目標期盼的成果，做再多也是白做工。

不是每份工作都能獲得對等的獎勵，更不是工作做得越多，代表在別人眼中就是個勤勞的人。工作，必定要量力而為，尤其在能力上還沒有到達一定程度時，更該適時適度地選擇拒絕工作。如果不好拒絕，也要與主管或同事多加溝通，以不造成部門之間的負擔為優先。至於真的被人解讀為搶功勞，傳出一些閒話時，

偶爾請大家吃個小午茶，答謝一起執行專案的同事。

找個機會化解同事對你搶功勞的壞印象，偶爾施以小惠，重新建立情誼。

被主管刻意比較，
我該如何維繫夥伴間的關係？

 **新鮮人狀況劇**

　　職場上被主管拿來比較，或特別被點出來當範例，相當常見。只是，職場新鮮人在尚未熟悉辦公室文化之前，常被人挑出來說：「表現的不錯唷」、「工作似乎很認真，其他人要多多學習」、「工作用心態度佳，同事們的好榜樣，那個誰誰誰要跟這位新同學多效法！」在主管的刻意比較之下，有時同事之間的關係會比較尷尬一點。特別是一個比好，往往另一個就會被比爛，久而久之同事聽到、碰到、感受到也會不舒服，又該怎麼跟同事保持良好關係呢？

　　同事之間的相處是分分秒秒、朝夕相處之間透過各種工作，高頻率、高密度地相互往來，要是主管每次談到工作的成果、績

效、執行狀態時，都特別點名某人出來，就不得不去面對比好、
比不好的狀況。如果是自己被比不好，在同事眼中又很沒有面子，
也會影響到日後對方看待你的觀感；但被比好時，也會擔心有心
人士講閒話，例如愛現、主管偏心之類的話語都有可能在公司之
中流傳，對職場新鮮人來說並不是友善的行為。

　　其中，最令人擔心的還是因主管刻意比較，長期累積下來的
隱形壓力，造成只要跟主管開會就莫名成為會議中的箭靶，大家都
在看主管下一句是不是又要拿出來做比較，私下更是八卦滿天飛，
你從此被封為「國王的人馬」，引起不必要的派系分隔，與同事
之間隔閡變大，動不動就會被拿出來做文章：「哎呦，主管眼中
的大紅人，公司未來的明日之星出現了。」聽到著實令人不舒服，
可又無法禁止主管老是拿你來比較。

 **紀香的逆襲**

　　在我進公司一個多月後，新任總經理才到職，他一到職立刻
約我面談，請我跟他報告進度，並且從我自己的觀察裡給他一些
經營現況的建議。我依照總經理的指示，先將各類要報告的項目
整理出來，做成一份報告書，親口說明這一個月來我的所做所聞。

總經理聽完之後非常滿意，立刻召開主管會議，用我的報告向所有主管們下達相關指示，還不忘在會議最後加上一句：「感謝紀香的彙整，令我在最短時間內弄清楚公司現況，紀香真是一位優秀的人才，期望各位主管日後也能跟紀香同樣優秀。」

總經理才講完，工作已有一段經驗的我立刻感到周遭氣氛不大對勁。雖然是褒獎的話語，但這些主管跟我並不熟，總經理可能也還沒跟他們接觸過，突然被這麼一說，難道不會被主管解讀為「紀香比較優秀，其他主管相對之下好像不如紀香」嗎？

後來我的擔憂陸續成真，要說總經理故意的嗎？我想也不是，以工作頻率來說最常跟他共事的人是我，因此他對我的了解，感覺比其他主管要來得多，可能因為這樣，總經理總愛拿我出來講幾句，好比說：「紀香很厲害，請他去找任何資料與廠商，不到兩天的時間都可以做到，真是一個可以好好學習的榜樣！」

每回這麼一講，主管們的臉色就會有些不好看，總經理這舉動造成我跟主管之間的隔閡，在工作的溝通與處理上形成不少障礙，有的主管甚至會刻意刁難說：「新官上任三把火啦！你跟總經理都剛來沒有多久，當然看到公司有很多值得發揮的空間！可是別忘了，公司能做到今天，靠的是我們過去打拼出的結果，不是

一個月、兩個月就能夠輕易改變或調整的，再加上你不是總經理，你只是總經理的人馬，建議你顧好自己，不然先陣亡的人可能會是你喔！」

很明顯的，我被威脅了，雖心有不甘，可卻是血淋淋的事實。後續推動各項管理工作時，遭遇到不小的阻礙。原本，我的工作應該是用來協助各部門主管的管理工作，降低與減少他們在工作上的不必要浪費，給予各類管理工具的支援。不過總經理跟我進公司的時間相距不長，我們兩個又比較常在一起開會，其他主管想要跟總經理討論事情，總經理甚至會說出：「這種事情交給紀香就好了，他的專業能力可以應付你們的問題，他手上所負責的項目，本來就是要用來幫助主管們的管理工作，不用特別找我開會，找紀香即可。」一旁的我聽得冷汗直流，再看看主管的表情，我想我在他們心中應該已經黑到猶如黑洞了。

某日我鼓起勇氣跟總經理說：「謝謝總經理對我的賞識，日後在各部門主管面前是否可以不用特別提到我，或是不要口頭說我表現優秀之類的話？」總經理大笑回我：「被誇獎壓力太大了嗎？」我回他：「我怕自己言過其實，還是希望能單純做事就好，把事情完成才是重點。公司會好不是我一個人可以做到，還要各個部門的同仁協助，我不用特別成為同事眼中優秀的夥伴，只要

是一個可以共事的同事即可。」

總經理搖搖頭說：「我還以為你跟我剛到職新工作沒多久，需要多一些誇獎與支持，讓你得以順利推動工作，為其他主管帶來更有用的協助。」我穩住情緒回道：「總經理說的有道理，只不過我們兩人之間的角色有很大的不同，對總經理而言，僅需要管理主管就好，主管們不論願意或不願意，在位階上都得聽令總經理；但我是屬於做事類型的角色，不是管理類型的角色，當主管們對我產生任何負面想法或不願意配合時，勢必會令我的工作無法執行下去。」後來，總經理答應日後會降低稱讚我的機率，於是，工作執行顯得簡單多了，主管們對我也不再帶有那麼多敵意。

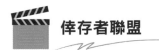
倖存者聯盟

主管或是老闆難免會把表現優秀及相對較差的員工拿出來比較，尤其對於管理技巧不是太熟悉的經營者，常常會拿員工作為好或不好的榜樣，期望他們能成為其他員工們的借鏡，結果不知不覺之間造成員工與其他同事之間相處上的壓力，進而影響到工作，這時，身為被比較的員工，其實可以私底下找主管或老闆討論，直言被直接比較之後所導致或所碰到的狀況。

被當面比不好，造成自己在同事們心中的印象變得很糟糕時，最好的做法也是唯一的做法，就是盡快提升自己，想辦法把工作做到該有的表現，而且要穩穩當當地完成，獲取主管與同事們的認同。會被拿出來比較為不好的情形，相對之下更容易影響到工作，甚至有些同事會因害怕不小心被牽連，進而對於協作上面採取較為保留的態度。因此，如果被拿出來當面在所有同事面前比不好，建議可以直接在大家面前跟所有人道歉，並且提出：「抱歉，工作表現不好，我會好好改善與提升自我能力，期望大家可以看到我日後工作的改變，還請各位再給我一次機會，讓我能夠將工作做到位，並做出該有的成果。」在被提到的當下直接回饋，也令同事們看到積極作為，之後在工作上會順暢不少。

請務必記得，不管比好或不好，都不要在被拿出來比較的時候表現出特別驕傲或是無感忽視。某種程度來說，主管或老闆拿你出來比較時，代表著他們的眼光正聚焦在你身上，要是你沒能察覺或意會到事情的嚴重性，還驕傲地享受主管們的誇獎、無感於老闆有意的公開責備，後果可不只是破壞同事之間的關係而已。事情往麻煩一點的方向發展時，日後在工作上遭遇的阻礙只會反覆加劇，很多問題會不斷重複發生，此時若沒有做出具體改善的對策，工作會變得越來越難做，問題相對也會越積越重，直到有一天承受不了只得逃避。

記得，當老闆、主管注意到你，好的誇獎就虛心接受；壞的比較也別多想，趕緊整理手頭上的工作，將沒有做好的條列出來，好好思考如何在下一次改進，並且適度回覆主管，讓他們知道你很清楚問題在哪裡，理解你會採取具體行動調整工作方式，同樣的錯誤或是問題不再發生，才能在同事心中成為一位可靠的夥伴。

IMPORTANT
ATTITUDE

身為職場新鮮人，請一定要記得，
工作做得好是剛好，做不好，
那就是不停的改進與改善，直到做好為止。

突然調到完全陌生的部門，
首先可以怎麼破冰？

新鮮人狀況劇

公司之中，因組織調整或是計畫性培養同仁們的職能，都可能會有工作異動。對於經驗較為不足的新鮮人來說，碰上工作異動時，等於很多事情得重新適應，例如工作內容、同事相處、作業流程等，除此之外，另一個麻煩在於對同事的不熟悉，要怎麼跟對方建立工作默契，盡快在工作上破冰，成了一門不容易的訣竅。若是剛進公司沒多久，同事相處上本來就還沒有熟悉，被調動之後，一時不會差異太大；但要是已經工作了一、兩年，卻被調到完全陌生的部門，該怎麼辦是好？

對公司經營管理來說，適度調動部門可以讓員工理解不同部門各自在做些什麼，同時讓被調動的人可以在不同部門學習作業

流程、工作技巧，往後在跨部門工作的協調上，會比較清楚知道不同部門各自在意的工作重點是什麼，以及部門文化的差異，藉由調動過後的實際參與體驗，找出原有部門可以再改進、提升的重點。

因此，各公司為了要培養員工職能、增加跨部門工作默契，偶爾會進行人員調動。身為職場新鮮人，突然被調離熟悉的舒適圈，面對新的同事及相對陌生的工作內容，難免感到害怕、不安，擔心原本能做好的事情會做不好或表現不如預期，甚至有的人會抗拒陌生的工作環境，產生離職的念頭。

不管如何，各種不安的念頭，都會讓新鮮人成為職場驚弓之鳥，不敢在工作上表現太多，更遑論跟新部門的同事們磨合，勉強自己努力去破冰。

紀香的逆襲

身為整合行銷事業部的負責人，主理各種行銷事務，每天已經有處理不完的行銷案件與活動，有一天，董事長把我叫到他的辦公室裡，很平淡地丟出一個炸彈：「紀香，從下週開始，你負

責軟體產品事業，手上的整合行銷事業交由另外一位主管負責。」
我正想開口詢問，董事長又說：「做行銷跟做產品有很大的不同，
如果不懂或是不熟，請你想辦法在最短的時間之內，搞清楚軟體
資訊產品應該怎麼做，其他的就不多談了。」聽到董事長把話直
接說死，我也只能配合，沒有辯駁的空間。

　　一週過後，我被調到軟體產品事業，一個距離我原本位置非
常遙遠的地方。同事們的臉孔顯得有點陌生，因為過去我主要往
來的對象不外乎是企劃、行銷、業務、設計，現在要面對產品經理、
專案經理、研發工程師、測試工程師等完全不同領域的人，再加
上背景差異極大，沒有太多共通語言，實在有點無所適從，光是
第一次參與部門會議，聽到其中一位同事說：「還是用 Agile 的方
法比較好，不要再用以前 Water flow 的方式，會比較符合現在產
品開發的狀態。」突然覺得自己好像被空降到外星球，每個人口
中的專業名詞簡直外星語，有聽沒有懂。

　　同事們對我被調過來，不僅充滿疑惑，還有不滿與不悅。我
召開第一場工作溝通會議上，一位資深工程師就嗆聲：「開發產
品跟行銷差異很大，身為主管的你現在要負責產品，不懂我們在
做什麼是要怎麼跟大家互動！而且我們手上進行的專案很多，沒
有時間一一跟你解釋，請你先搞清楚之前主管安排好的各項進度，

以及該怎麼進行！」其他同事也都面色凝重地看著我，或許對於我突然調過來感到極為不滿。

我只能這樣回覆：「請大家先按照手上原本已經安排好的進度繼續，我會盡快了解有多少專案正在執行，以及各項工作的內容，謝謝該位同事的建議，有不懂或不清楚之處，我會先試著去理解與研究。」在這種氣氛下講完話，也不知道該說什麼，於是草草結束會議，趕緊整理手上已知要執行的專案。可能是彼此工作經驗跟內容真的差異過大，可以很明顯感到同事們對我的無奈與距離感。為了試圖拉攏跟他們之間的關係，我買了幾本程式相關的書籍，從 Java、資料庫、Scrum 等，硬是啃了好幾個晚上，再加上多看技術社群之中討論的文章、內容，想辦法理解工程師們的世界。

約莫經歷痛苦至極的兩個月後，某次會議上，大家在討論產品開發的細節，未有明確的交集之下，你一言我一語的，好像各自的立場都對，但各自思考的重點都不同，於是我跳出來說：「目前開發的產品，考量到階段性進入市場的狀況，能不能符合使用者的需求才是關鍵，但是我們對於使用者的考量，都是來自於內部的認知，並非真正跟使用者溝通。因此，為了接下來開發的產品可以跟市場接軌，我們來做一次三十人左右的使用者訪談，從

使用者的使用體驗中收集他們的使用觀點與想法，作為接下來要改進的依據，這麼做或許會有個明確的重心。再者，因為是採取敏捷開發，其實可以從使用者共同產生的最大需求上，快速產出他們想要的試作品，也比較能夠貼近使用者。」

其中一位同事也開口：「我覺得有道理，不用耗費長時間做出一堆功能，再來讓使用者們測試，而是直接做出使用者能夠感受到的產品，可以降低跟市場之間的落差，以防做了之後沒有人來買單。」其他同事也跟著附和，似乎大家都認同我所提出的做法，因為可以減少工作不必要的浪費，於是我接著說：「那使用者體驗的部分由我來處理，因為之前行銷工作曾邀請不少人來公司做市場調查，我可以找三十個人到公司來進行產品使用體驗，再提出一份執行企劃供大家參考，結束後也會彙整所有的報告給各位。」

同事們紛紛贊同，還有人說很期待公司做第一次的使用者體驗紀錄：「以前都是主管說要做什麼，我們按照需求去做，但是這次你用了不同的方法，我覺得很棒，也可以讓大家更加理解使用者的想法！」這時立刻有人附和：「當初我還想說你是個完全外行、只會出一張嘴的主管，沒想到你是真的知道怎麼做的人，而且很快就跟上大家工作的進度，我很慶幸你能夠加入我們這個事業部，為大家正在做的事情帶來一些不同的變化，以後大家做事可以稍

微安心不少，不用擔心做出市場不接受的產品！」

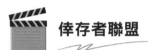 **倖存者聯盟**

　　被調到不同的部門不是問題，真正的問題是調離原有的部門之後，自己的表現還能不能維持，甚至變得更好，那才是該注意的重點。很多職場新鮮人碰到被調離部門時，首先用情緒反應來處理，向主管抗議，這是最不明智的舉動；因為，當決定已經做下，通常主管也會跟其他部門的主管做過溝通，這類事情不可能是片面地由誰來決定。如果一被告知要調動，就反應很大或是不滿主管的決定，會大幅影響日後在公司裡的發展。請記得，先聽聽主管的說法，再想想下一步該怎麼做。

　　破冰不只是調部門的時候會發生，新到一間公司上班時，同樣也得破冰。只是破冰背後的動機各自不同，舉例來說，新進人員來到公司後，難免會被問到：「你前一份公司是哪一間？為何會想要換工作？」這些話的背後，通常有可能被解讀成「如果做得好、做得爽，那又何必換工作」？因此，每個問題的背後動機，也許不如表面字義那般單純。同樣的，會被調離原有部門，很有可能被解讀成「是不是在之前部門表現不佳，才被調到這邊來」？

人與人之間的相處本來就很複雜，沒有好好處理，只會惹出更多
的麻煩。

　　所以，想要在調離原有部門之後，又要在新的部門有自己的
一席之地，唯一的做法，也是最好的方法，就是盡快融入對方的
團體之中，盡快為這個部門貢獻自己的能力，讓大家先認同你的
能力，再來考慮其他的問題。很多人會以為來到新環境，首要解
決的是人際關係，可是工作沒有做好，即使人際關係先處理好了，
不代表做不好的工作會被輕易放過。回歸到工作的本質，完成交
付的新工作，適應部門的文化，才是首要之急；等到穩當地將工
作完成，令同事們放心，後續的人際關係發展才會有實質的意義。

IMPORTANT
ATTITUDE

別搞不清楚狀況，
只想花心思討好同事，
卻忽略工作的本質是得做出成效，才得以令人信服。

CHAPTER3

人脈就是錢脈，
想讓客戶對你信任又肯定，
先從聆聽和包裝自己開始

COOPERATION

職場中，沒有人會完全不說錯話，
差別只在於說錯話的人，有沒有本事修正。

公司內部的流程和規定如此，
該如何請客戶諒解？

新鮮人狀況劇

「以客為尊」已經成為許多公司服務客戶的首要準則，只不過在服務客戶的背後，總是會伴隨許多服務標準作業流程，期望同仁面對客戶時，有一套一致的應對方法，降低客戶對於公司的負面印象。相對地，流程是死的，服務卻是活的，萬一客戶的要求與流程作業相抵觸時，又該怎麼做出抉擇？

比如遇到不可理喻的客戶，怎麼採取以客為尊的服務方式呢？面對這類難以溝通的客戶，公司一概堅持要求按照標準流程跟硬性規定，反倒造成客戶的不滿，這又該如何是好？

特別是身在第一線的菜鳥新鮮人，已經得承受客戶面對面的

壓力，還要按照作業流程跟客戶說：「一切都是依循公司規定進行，還請見諒。」再來看到客戶幾乎接近情緒崩潰、無法反應的狀態，回頭想跟公司請求協助，公司卻好像跳針般地只會不停要求「所有服務規範，請依照規則與流程進行」，導致只能概括承受各種排山倒海而來的情緒，不知如何是好。

這種狀況在服務業特別多，客戶不僅會發脾氣，過分一點的還會凹很多工作來要求配合，好像多凹多賺的。不配合，客戶可能會跑；配合了，公司又不同意，怎麼做都不對。

站在服務客戶的立場，當然還是希望能夠盡力配合客戶，獲得客戶認同，取得設定的業績目標，期望可以藉由過程中，提供客戶適切的服務，令客戶認同公司，對公司的評價多往正面發展，進而展現出公司的高服務水準，吸引更多的客戶。站在公司的出發點，難免還是會遇到與客戶立場不同的狀況，或是客戶對公司的期待產生落差，對公司提出質疑，而公司經過判斷後，僅是提出「一切依照流程規矩來做」，面臨這種跟客戶利益發生矛盾與衝突的狀況，實在好兩難啊！

 **紀香的逆襲**

　　身為網頁設計師，公司的主管常常囑咐：「不要私底下跟客戶通訊或是信件往來，所有的溝通一定要透過主管。」因為，常有客戶會繞過主管，私下請公司的同事為他多做一點，一下子要改那個、一下子要多做那個，對客戶來說，能跟設計師直接溝通單純許多，很多想法上的異動，面對設計師講清楚，自己的想法也比較能夠實現。只是，客戶反覆要求之下，不僅會增加設計師的工作量，還會徒增不必要的煩惱，例如客戶經過多次修改之後，耽誤了許多時間，最後想要的版本還是一開始的，這種工作浪費對公司而言是大忌。

　　設計部主管嚴格要求我們不得擅自與客戶溝通任何工作相關事情，可是實際執行與處理工作時，防不勝防。有一次主管跟客戶溝通多次未果，於是把我叫進會議室，要我跟主管、客戶一起開會，主管跟我說：「因為這是個大客戶，他們分配比較多預算給我們，有別於過去，希望我們能夠做到更有質感的視覺效果及動畫特效，實際討論起來需求相對複雜，所以找你來一起開會，這樣就不用多透過一個人轉達，造成執行時的認知落差。」

　　會議之中，一如主管所說，客戶提到許多要求，每個做起來

都非常花時間，例如：「我們希望這次的設計有國際感、希望一進入網站，一看就知道這是個國際級網站，所以從主視覺、用色、排版，我們都希望能帶給人一種不受限、大格局的企業高度。」說起來感覺好像提到不少重點，可實際解讀後卻有很多不確定性的資訊，像是「國際感」這種抽象的形容方式，很難讓人一下子就理解，客戶心中的國際感，跟我心中的國際感，是不是同一種東西，著實令人難以捉摸。

依照時程，我跟另外一位設計師個別提出幾款設計給客戶，只不過好像沒有抓到客戶要的感覺，造成客戶提出大修改。整理客戶提出的建議，跟主管開完會後，就我的版本再繼續調整設計下去，看看能不能抓到客戶想要的感覺。公司有規定，跟客戶之間的大幅度調整修改，不超過三次為例，超過三次的話則不再進行修改，或是客戶必須另付修改費用。結果，第二次提案給客戶，還是沒有辦法做到客戶想要的，客戶再次提出大幅修改的意見，由於幅度過大，主管依然請我跟客戶直接溝通修改細節，但主管此時已有點無法忍受。

又經過一段時間的磨合，第三次提出的設計過關了，大家總算鬆了口氣。只是，主管沒有跟客戶強調合作的流程與規矩，此時客戶又提出第三版本的修改意見，雖然不算大修，可是要修改的

內容還算不少，只有主視覺沒有改，但從顏色、排版全部都要改。客戶多次傳訊息期望我能幫忙改，可是公司有規定不能修改超過三次，因此我向主管稟報客戶狀況，主管指示：「你不能改給客戶，我們已經說好大改就是三次，雖然客戶覺得這次不算大改，但不能夠他想怎麼做、我們就配合做，這會影響到我們的工作效率。」

我把主管的指示反應給客戶，結果客戶相當憤怒。「你們公司是不會做生意嗎？做網站修修改改本來就是業界常態，堅持超過三次修改要付錢，你們以為真的有公司會付嗎？你不配合做修改的話，我們這案子就別做了！」聽到客戶這麼說，我相當緊張，趕緊跟主管回報。主管沒意會到客戶一直跟我在溝通，只是要我跟客戶說：「公司有公司的規定，請務必按照規定進行。」卡在中間的我實在不知該如何是好，只能再次把主管的意思轉達給客戶，客戶覺得我們公司根本是跳針，同樣的回覆一直來，於是對我大發雷霆：「叫你改就是了！改個設計很難嗎？你動動滑鼠調調顏色的事情不會做嗎？Photoshop很難嗎？我也會用啊！想騙我們這些事情很難做？你要是堅持不做的話，我們這案子就撤回不做了！」

被客戶罵完，我也有些動搖，想說修改給他或許就好了，於是立刻報告主管，主管卻嚴肅又生氣地說：「這種客戶別理他，

案子不做就不做，你今天改給他，明天可能又會提出要改的需求。通常會發生這種事情，都是來自於他本身不知道自己要的是什麼，才會發生反覆修改的狀態，我們當然可以通融讓他修改，可是他們每次都是大改，幾乎是重做了，再做下去，有可能改成跟第三版完全不同的東西，你會越做越累，然後事情堆積在那做不完，最終倒霉的還是你。不要改，我來跟客戶說堅持要改就不做。」

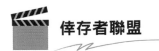

倖存者聯盟

碰到客戶的無理要求，在選擇依循公司規矩或是面對客戶的兩難時，個人建議是：如實稟報客戶的狀況，並請求公司能應付處理位階的人去處理。一般來說，公司的立場不會站在客戶的對立面，為求好的服務結果，通常還是會跟客戶保持良好的互動，即使在溝通過程的當下，彼此立場不同會有所堅持，可是此時身為職場新鮮人的你，一定要很清楚一件再現實與殘酷不過的事情，那就是「第一線服務人員要有隨時被犧牲的準備」。精準地來講，第一線服務人員是公司與客戶之間的緩衝，處理不來才由主管出馬，主管還是不行的話，會再向上找高階主管來處理，為的就是要讓客戶覺得「公司是真的有心想處理」。

假想一下，如果第一線服務人員接觸客戶時，遇到客戶提出不合理的要求，在沒有遵循規矩先跟客戶溝通的狀態下，直接向最高主管呈報，請主管定奪，而主管又不加思索地跳出來處理，日後客戶就會知道，只要吵不過第一線人員，橫豎主管一定會出來處理，此時就會以完全不理智的狀況來爭取權益。最高主管在第一線一下子就失守了，以後碰上類似的客戶，整間公司就沒了立場，成為客戶予取予求的對象，哪怕是無理的要求，都會變成公司要概括承受的苦果。這也是為什麼公司會設計一套服務作業流程，依照客戶提出需求的反應與狀況，做相對應的處置及應對。

雖然身在第一線的你，面對失去理智的客戶胡亂要求，會感到很為難，但是多來回個幾次，讓客戶理解事情不是用吵的、用鬧的就會有結果，最重要的關鍵還是要能夠做到適度、適當地溝通，將做事的方法導向正軌，那才是正確的處理方式。也許，你會覺得這樣很奇怪，那在第一線的從業人員，不就平白無辜要成為客戶怒氣之下的炮灰嗎？換個角度想，如果不做這件事情，當主管是第一線被處理掉的炮灰，後面還不是要身為第一線執行的你來做，而做這些事情一開始可能還覺得勉強接受，做多了難道不會覺得客戶的無理要求造成工作不停增加，進而影響工作品質嗎？

面對客戶的要求，不論合理或無理，按照公司的流程與作業

辦法去執行，都是為了公司長期發展必經之路，並非只是單向片面的要讓第一線人員為難，或是刻意讓客戶覺得公司難配合。從事服務業相關工作，工作效率依然是關注的必然焦點，因此要讓第一線接觸客戶的同事可以提高工作效率，能夠按照作業流程去進行，相對之下處理問題會比較有個基礎對策。

　　至於面對複雜又難以應付的客戶狀況，還是得經過較多層次的溝通，才會讓客戶感受到「這間公司真的有重視我的聲音，而且還一層一層向上反應，真的有看重我」的感覺，進而令公司與客戶之間取得往來應對之間的平衡。

對方將合約改了又改，
應該以幾次為限維持立場？

新鮮人狀況劇

　　大多時候，職場新鮮人不會一開始就接觸到合約，除非是剛好在相關部門工作，這時處理合約就成了一門考驗智慧的難題。合約又是一間公司與另外一間公司合作的重要依據，特別是在處理客戶之間的合約，兩間公司、甚至是三間公司彼此在訂定合約時，多數會以本位主義為優先，也就是盡量以保護自身公司利益來設計合約內容，因此合約內容通常會在彼此立場不同的狀況下，反覆來回修改，次數一多之下，到底該不該堅持修改合約的次數，還是說就這樣無止盡地改下去？問題是合約不簽訂，後續的工作不會展開，事情當然就不會有進度，而負責合約的新鮮人，可能會面臨內部與外部的壓力，怎麼做都裡外不是人。

如果合約內容制定不完整，等到雙方認知有落差，非不得已走上法律途徑時，合約成了唯一約束與保障彼此的重要參考文件。通常制定合約時，會看合作提出方是哪一方，由提出那一方來制定合約，因此合約制定的內容，勢必對於提出那一方會保障較多，多數內容可能不會完全有利於另一方，另一方則會在合約上提出不同的意見，造成合約在擬定時，常常往返無數次，這種曠日費時的工作，有可能會引起執行部門的不滿，像是業務會被耽誤到業績、執行單位被耽誤到進度，各方都會對合約內容往返太多次而產生負面聲浪。

這時卡在合約雙方或三方中間的新鮮人，該怎麼辦？不只是合約，在合作條件上，即使明定在合約之中的內容，還是會遇到合作方不遵守，甚至玩弄文字，遊走法律邊緣，試圖要吃自家公司的豆腐。眼見各種常態性的反覆修改已造成問題、傷害，到底該不該繼續配合對方下去？還是睜一隻眼閉一隻眼，能讓事情完成就好？可是日後出問題時，該如何應對？你能夠負起責任嗎？想當然耳絕對不可能！除了要保障公司的權益，還得確保對方同意並遵守這份合約，以免日後對簿公堂，這道難題，不但難解也深富學問。

 ## 紀香的逆襲

　　之前創業時，我們公司因為較小，而且相對經驗不足，所以沒有太多跟投資人談判的經驗，因此吃過很大的虧。當初在訂定投資合約時，沒有弄清楚「鑑價」的意義，結果投資方找了一間不認識的會計事務所，將我們開發出來的產品送去鑑價，估出不到五百萬元的價值。五百萬對於當時的我們算很多，可是這數字是怎麼估出來的，我們沒有深究，更沒有去討論五百萬到底有沒有問題，而是片面地聽信對方的說法，以五百萬為條件來談。

　　「你們的產品經過鑑價僅值五百萬，要我投資可以，但我只投資五百萬，而且要佔你們股份的百分之六十五，如果不願意的話，那投資就取消。」聽到投資人這麼說，想到公司經營資金實在不足，只好勉強答應。殊不知，答應之後要立合約時，我們才發現這樣的算法有問題，於是向投資人反應：「以公司現況，我們自己算過，也請其他會計事務所協助鑑價，對方認為我們的產品至少價值一千六百萬，並非五百萬。按照我方鑑價出來的結果，以投資五百萬來說，不可能佔到百分之六十五。」該位投資人聽到之後，相當不高興因而拒絕投資。

　　雖然在簽訂投資合約之前保住了自己辛苦做出來的產品，可

卻拯救不了搖搖欲墜的事業。為此，還是得另尋投資人，不然公司無法繼續經營。很快的，又找到一組投資人，但這組投資人跟前一位風格差異極大，我們不過簡報個幾次，隨即表現出有投資的意願，連鑑價都沒有做，只問我們：「投資需要多少錢？」我們評估過後，計算公司還要多少的時間才能獲利，向該名投資人提出至少要兩千五百萬。該位投資人沒有在會議之中直接回答，只說要再思考看看。我們這時有點擔心，害怕是不是金額太高把投資人嚇跑。

不到一週的時間，投資人來電，同意要投資，我們聽了驚喜若狂，感覺終於找到一條活路。我們立刻提出投資合約給對方，對方收到合約之後，經過一週的時間，都沒有得到投資人對合約的回覆，於是主動詢問，投資人這才說：「我認為這份投資合約裡有很多內容需要調整，而且我們彼此也還不熟，想多安排幾次會議來好好討論內容，讓這投資更穩當一些，好嗎？」我們當然同意，投資人的回應讓我們覺得拿到資金似乎沒有問題，好像隨時都可以獲得投資，卻不知這成了一大惡夢。

前幾次跟投資人的會議，還感覺不出問題，只是投資人要我們提供各類財務報表、營收預估、成本預估等。對於經營公司根本是門外漢的我們，聽了投資人的要求，當然就盡快產出一張又

一張的報表，並且召開會議向投資人說明。投資人看了報表後的一個月，提出了另一份投資合約，合約內容是一千萬要佔百分之七十的股份，並且綁定我跟幾位同事的工作年限，但投資人可以隨時撤出其股份。因為實在對投資不是很懂，問了身邊的朋友：投資方可以隨時撤出股份將錢拿走嗎？大多數的人都說：「這不是投資吧？比較像是借貸關係。」

我們又一次將投資合約稍作修改，沒想到投資人為此大動肝火，並表現出不願意投資的態度。這時公司已經沒有任何資金可運作，薪水數個月沒有發，再這樣下去不是辦法，於是還是向投資人表達出希望好好談的期望。又過了一個月後，投資人表達可以談，但是又修了一份合約過來，這時條件更顯嚴苛，在條件裡面加上「公司必須在三個月內做到相對營收，如果沒有做到的話，則必須按月回繳相對比例的金額給投資人，作為對於投資的保障。」看到這條，更讓我們不知該如何是好，依照投資人的要求，只要沒做到，公司狀況會變得更糟，想了想，還是得跟投資人協商。在這種情況反覆發生之下，我們跟該位投資人已經談了至少四個月，最後是投資協商破局，整件事情當作沒有發生過。

因為合約反覆修改又沒結果，原以為早就可以獲得資金，緩解眼前的困境，沒想到卻加劇了原本惡化的財務。本來跟同事們說

再一陣子就可以發薪水了，已經跳票數個月，同事們對公司的不信任已到極點，公司欠同事們薪水變成常態，同事們拿不到薪水，不離職也不做事，造成公司越欠越多，債務如滾雪球般越滾越大，將公司帶往更加嚴峻的狀況。

 倖存者聯盟

制定合約，不外乎是為了保障彼此權益，因此建議在設計合約的時候，能夠站在中立又客觀的第三方來制定合約，會比較恰當。尤其，職場新鮮人要經手合約時，不清楚權利義務的規範範圍，甚至也不是太了解公司所在乎的利益與對方的合作目的，最好請求外援，例如專業的律師、商業法務顧問等，千萬不要隨意制定合約，更不要提出有太多爭議的合約內容，導致反覆修改，令雙方都進入遙遙無期、看不到終點的合約修改戰。合約不該是限制公司前進的障礙，是保障公司權益的重要依據，可也不代表要犧牲另外一方的權益，在制定合約時，務必要將雙方的狀態弄清楚。

再者是，制定合約之前，建議邀請欲簽合約的雙方，坐下來一起好好將合約內容一條又一條地看過。雖然這麼做會讓事情變

得複雜，又不一定會有交集，可是如果在制定合約時，只是單方提出來的內容，日後過合約時，可能反覆修改影響執行時程。與其以後造成時間上的延誤或耽擱，倒不如一開始就坐下來好好談清楚，合約的具體內容要涵蓋哪些項目，先從大方向討論，再慢慢將各種可能性考慮進去，令合約的內容變得越來越清楚，這才是相對比較有效率的做法。

要是碰上非不得已要修改合約的狀況，又該怎麼辦是好？在尚未簽訂之前，如果已經碰到了要修改的狀況，請主動向對方用口頭、書面詢問的方式，請教修改目的與意圖為何，了解對方為何而修改，不要只是在文字上打轉。很多處理合約的人，只注意合約上的文字，卻沒有做到跟對方適度地溝通，導致後續很多純文字上的往來，不僅沒有效率，而且還會帶來不少的誤解，進而影響了修改合約的本質精神。

合約很重要，通常出發點一定都是來自於善意，可是也有的合約內容寫得太過分，利益佔盡讓對方吃足苦頭，這也是為何要搞清楚對方修改合約的意圖，在了解為何而修改的前提之下，要再進行後續合約的調整，也會比較能擬出一套對應策略。

老愛下班、休假時聯絡，
我可不可以上班時間再回信？

新鮮人狀況劇

　　才剛進入職場不久，新鮮人可能很常碰到「下班之後，老闆和客戶一直傳訊息、發信過來」的狀況，想要好好的休息，卻看到螢幕上不斷閃出來的訊息，想要放鬆都沒有辦法，該不該處理呢？處理的話，休息時間就沒了；不處理的話，隔天上班肯定又會被問到，做也不是，不做也不是，實在很困擾。更誇張的是，有時假日客戶還會不斷發信詢問進度，並要求回報執行的狀況，毀了整個週休假日。

　　想要心一橫什麼都不回，覺得工作要有自己的時間、空間，不可能連下班後都被工作佔滿，結果到了上班日，就被老闆、主管修理，這種完全沒有正常生活的工作，是不是還要再繼續做下去？

尤其當公司接到大客戶時，客戶要求特別多，安排超出一般標準的工作量，進而影響到下班時間，每天不僅熬夜加班，假日也沒能好好休息，好像為了客戶、為了工作，就得犧牲時間奉獻給工作，只要奉獻得越多，越得老闆緣、客戶緣，反之若沒能全天候的為客戶服務，在公司就難有出頭的一天。

更甚者，在工作群組之中，主管瘋狂詢問進度，不停地追工作，從下班之後問到晚上十一、十二點，還在確認工作執行的狀況。這種精神壓力真的難以招架與承受，可是只要一次已讀不回，隔天又會被主管點出來罵個一頓，說什麼對工作不負責、不懂得職場倫理，好像只要下班後沒有好好回覆訊息，彷彿犯了滔天大罪。可是，持續這樣工作下去，生活品質變得越來越差，壓力大導致睡眠不佳，再加上隔天一早又要開會，精神不濟還是會被唸，怎麼做都不是，到底上班族可不可以擁有下班後的自由，尋求工作與生活之間的平衡？

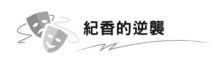

紀香的逆襲

在擔任行銷企劃時期，公司接到一個很大的活動，是一個國外知名品牌委由我們舉辦的實體展場活動，對公司來說，這個案子

的利潤是至少三到五個案子加起來這麼多，因此老闆命令所有主管，必須以最高規格、最嚴謹的方式來處理，絕對不可以馬虎帶過，所有的工作任務以這位客戶為優先，其他客戶則視情況做適度調整，千萬不能讓這位大客戶覺得我們沒有好好認真服務他們，同事們也都很清楚這是場硬仗，因此沒有人敢怠慢。

　　會議後，主管又召開工作執行會議，並且對所有參與該案的同事說：「請大家務必多加配合這個案子，從今天開始二十四小時待命，即使休假也請大家多幫忙，因為客戶方的時間相對難配合，他們做決策的主管都在國外，也就是我們下班之後，才是他們上班的時間，因此會發生很多下班時間得處理他們工作的狀況，要是沒辦法配合這一點的同事，請現在說出來，我們立刻調配其他可以配合的同事來執行。」同事們你看我，我看你，沒有人知道該怎麼反應。

　　主管繼續接著說：「從案子開始到正式執行，我們只有一個半月的時間，而且還要協調租借場地、活動內容、主持人、場地佈置等，各式各樣的工作算起來非常多，當天還有從各個不同國家來的賓客，因此我們還得準備多國語言翻譯，現場人員的安排配置及調度，需要很高的靈敏性、機動性，事前的教育訓練絕對不能少，最好從現在開始，大家就以最嚴謹的狀態來面對本案，處理得好，

大家都會獲得前所未有的經驗與成就，期望能做出漂亮的成績，為公司也為這麼大的客戶留下好印象。」

那天之後，從一個工作群組開到兩個、然後是三個、五個、十個。身為行銷企劃，每個群組都邀請我加入，手上的工作呈倍數增加。有時光是討論一個想法的可能性，你一言我一語之後，工作就這樣冒出來。上班時間已經夠多事情要做，不只是一個客戶要處理，同時還有其他客戶得兼顧，光是按部就班將工作完成就已經過了下班時間，然後還得繼續處理重要客戶的事項，常常凌晨一點左右公司依然燈火通明，沒有同事回家，大家拼著將手上的工作盡快完成，想辦法為了交出最棒的成果，凌晨兩點還在開會討論。

客戶因為方便開會的時間都在凌晨時刻，所以幾個主要核心執行的人，都得待到凌晨跟客戶回報進度，說明目前案子的狀況。幾個禮拜下來，早已累得不成人樣，可是看著手上的工作，那種原以為這輩子不可能有機會能做到的成果，每天一點一滴地累積出來，心情還是相當愉悅，不論做這案子的過程中，同事們有多少的負能量釋放，可沒有人放棄、逃跑，因為大家都知道一輩子要碰上一個大案子，千載難逢，能夠在工作之中做個像樣的成績，大概就是這一次了。即使到了假日，還是在群組之中討論工作，

連看電影的途中，臨時接到客戶電話，還是得趕緊走出戲院回覆客戶的需求。

離活動正式舉辦的時間越近，所有人的神經繃得越緊，同事們都很擔心有沒有哪邊缺、哪邊沒做、哪邊沒有人顧，大夥緊張又害怕，因此確認會議一場一場開，厚厚好幾本的企劃書堆在桌上，主管不斷要求，最後關頭別懈怠，要仔細再確認過有沒有任何細節有遺漏，因為我們沒本事賠掉這個客戶，耗費這麼長的時間、人力，都是為了成就這場大活動，沒能做好的話，公司未來的聲譽就毀於一旦了。這一番話，讓大家更是兢兢業業，開啟了好幾天不回家、駐營在公司的概念，大夥們準備睡袋、泡麵，好像在公司露營一樣，每個人都像瘋子一樣拼命工作。

直到最後一週，同事甚至自發性發起活動，要求大家最後的假日再到公司來好好過流程、確認執行順序、貴賓接待等，每一項工作務求做到最好，即使犧牲掉再多個夜晚與假日，彷彿人生等待的就是這一刻，可以將自己的名字刻在歷史上，為自己日後在職場的發展奠定一個無可撼動的里程碑，即使再累、再痛、再疼，都硬是咬著牙熬過去。老闆、主管也看到我們的付出，最終在整個活動結束之後，每個人都拿到了出乎意料的高額獎金。

　　從那天起才真正知道，付出多少得到多少，真心為了公司發展而做的事情，不僅自己會有所收穫，更是從中得到這輩子不可能會有的經驗。

 **倖存者聯盟**

　　工作是生活的一部分，生活之中，工作佔有很大比例，要將生活與工作分開來，其實是一件非常困難的事情。打個比方來說，今天公司承接到重要的案子，或是決議發展重大新事業，身為職場新鮮人，能被指派接下該任務，對職涯發展非常重要。做得好，可能邁向晉升之路，做不好，人生寄望的所有想像全泡湯，那麼，該怎麼做出適當的選擇呢？

　　重要的工作在眼前，要不做好，要不就別做，要想獲得足夠的經驗與別人難以取得的成果，掌握眼前僅有的機會，全力投入看似是唯一的選項，只不過點頭答應要做之後，伴隨而來是生活與工作呈現大幅度的不對等，想要在這之間尋求平衡，似乎是個遙不可及的夢。

　　相反的，如果被指派的工作不是太重要，可是依然得在下班

之後接收公司、客戶的訊息，並要求得在最短時間之內回覆，又該怎麼看待？我個人的建議，一般正常的公司，沒有什麼事情看起來特別小或不重要，而是只要在公司裡發生的每件事情，相對都很重要。很多人或許不能理解，為何每件小事都會重要？舉個例子來說好了，週末假日在 LINE 上，被詢問到公司的咖啡是否還足夠，而負責處理此事的同事看到訊息沒有反應，感覺好像很正常，因為有沒有咖啡只是一件小事，只不過換個角度想，為何會在週末假日問到這麼小的事情？

　　稍微有敏銳度一點的人，也許立刻會想到「該不會是週一一早會有重要的客戶來訪，要給客戶好印象，所以先確認有沒有咖啡」？然後，再積極一點的同事，以及公司有相對組織結構化的經營，會將客戶來訪的資訊填寫在行事曆上，趕緊翻一下公司行事曆，可能很快就會發現週一有重要客戶來訪，因此需要鄭重地接待對方，所以招待客戶的咖啡得提前備妥。在這種情況下，本來看似不起眼的小事，也能成為影響客戶心中印象的大事。

　　因此，重點不是上班回信不回信、回訊息或是不回訊息，而是自己怎麼去看待工作的重要性，能否理解到自己的工作跟公司各種日常重要的作業息息相關，為公司的前進、成長帶來貢獻。至於那些莫名其妙或無理取鬧，硬要在週末交辦工作的主管、老闆，則不在此討論範圍內。

客戶口出惡言羞辱，
難道真的有錢的就是大爺嗎？

新鮮人狀況劇

　　公司接到大案子，或是能夠服務大客戶，通常會耗費較多心思來處理客戶的需求。只是，問題來了——有些客戶脾氣很大、態度很差、口氣很不好，又該怎麼處理？特別是經驗不足的職場新鮮人，沒有處理這類客戶的經驗，碰到時常會難以招架，甚至做出令客戶反而不滿的舉動，進而影響客戶對公司的看法。雖然，重要的大客戶絕不會交給新鮮人去做，不過當新鮮人被編制在服務客戶的執行團隊之中，難免還是會接觸到客戶，這時該客戶有可能會因新鮮人的經驗不足，進而被不小心惹毛、發火，即使事後不停地道歉、賠罪，依舊無法平息客戶的怒氣。

　　遇到修養很差的客戶，還會口出惡言，用著非常難聽的字眼、

字彙來怒罵新鮮人，可能嚴重一點還涉及毀謗、人身攻擊等，這下要怎麼妥善應對，成了極為不容易處理的挑戰，一個沒有處理好，加上新鮮人長期累積下來，無法忍耐，進而反擊，回嗆客戶，造成客戶不滿，向公司抱怨服務態度不佳，事態發展可能變得更加難以收拾。案子取消不打緊，麻煩的是後續告上法院，雙方為此打官司，客戶要求賠償以及登報道歉，成為公司不得不處理的大麻煩，影響公司日後在業界服務的評價與聲望，光是要善後就得付出龐大的時間成本與代價，更別提早已身心俱疲的新鮮人已無心在工作上。

另外，有的客戶還會仗著自己有錢，知道接案的公司很缺錢、缺案子，拿著錢來壓公司，要公司盡可能做到各種配合，哪怕這些配合非常不合理，又不合乎要求。比方說，客戶臨時在凌晨三點突然提出要求，硬要同事在隔天一早八點交出修改過後的企劃案，還威脅說如果不做好這案子就告吹！連這種無理取鬧的壓力都必須配合，該怎麼看待或是應對這類客戶？付錢的就是大爺，可是這麼做已經影響到正常生活；但若不好好處理這個案子，將錢收進來，可能有損公司權益。應付這類客戶，沒有經驗的新鮮人應該怎麼辦？又能有哪些積極作為呢？

 **紀香的逆襲**

　　公司接到某女性知名品牌保養品的行銷案需求，在接下案子之前，業務不停的向內部同仁們說道：「客戶脾氣很差，大家要多包容，因為對方願意簽年度行銷合約，一次可以替公司帶來近千萬的收入，拜託大家多幫忙，尤其客戶很情緒化，如果之後工作有執行需求的配合，還請多多忍耐，不要跟客戶正面衝突。」聽到這裡，大家沒有意會到客戶會有多糟糕，反而是比較好奇客戶的脾氣到底有多壞，壞到讓業務還得反覆向大家說明。同事們還在會議上打趣說：「再差也不會比某某主管的脾氣差啊，平常都可以忍耐了，客戶又有什麼好擔心的！」

　　案子正式啟動，我們到客戶那邊去開會，會議地點離我們公司有一個半小時的車程，為了開會，每次至少得安排來回三小時加上會議兩個小時，約莫五個小時的時間來開會。我們一行人一共四人，有設計、企劃、業務、主管，身為企劃的我負責會議記錄，還有設定會議議題，並協助業務簡介專案。才坐下來，大家剛要寒暄個幾句，客戶立刻很不客氣的說：「我們案子非常急喔，你們要有本事做好，不然年度行銷案立刻取消，懂嗎？我這邊需要一個可以長時間配合的窗口，先把人安排好，我們再來談。」主管看看我，對客戶說：「那以後就由我們的企劃來負責。」

　　會議開始，客戶繼續說：「要不是我們老闆跟你們老闆有私交，我並不想跟你們公司合作，我對於貴公司其實沒有什麼好印象，但既然老闆交代要由你們接案，再麻煩你們多配合了。」說得好像我們公司可有可無，而且從頭到尾都托著臉跟我們講話，根本不想跟我們開會。主管則跳出來緩頰：「是、是，謝謝貴公司給我們機會，我們會好好做，期望能做出好的成績，也希望您能滿意我們所提供的服務。」客戶隨即打斷：「服務？我不期待啦，把事情做好就是了，反正你們也不是什麼特別厲害的公司，能做多少是多少，別說些五四三，做不好到時一定會要你們負責。」

　　客戶從頭到尾都是滿滿的威脅與輕蔑，完全不把我們當一回事。可是都大老遠來一趟了，還是希望能夠討論出具體的執行內容，主管依舊接著前面的話題說：「今天來是希望了解貴公司對於本月份要執行的案子，有沒有什麼想法，如果有任何的想法，可以跟我們說，我們會好好準備！」客戶聽了，皺著眉頭說：「想法？是你們要給我吧？連這都要我告訴你們，那找你們來做幹嘛？到底懂不懂啊？我都說完了還要你們做什麼？你們不是專業行銷服務公司嗎？我們是國際知名品牌，全球都有我們的銷售通路，在做些什麼不清楚嗎？是你們要來提議我們該怎麼做吧？」主管聽到客戶的回應之後，表情有點僵硬與尷尬。

　　業務趕緊跳出來打圓場：「有有有！我們當然有為了您的需求，做了許多準備！主管是想說先了解您的需求，提供比較精準的回覆，但我們這邊可以先開始給您建議，給予貴公司量身打造的行銷服務，早就都準備好了，還請您花費一些時間聽我們的報告。」客戶依然很不客氣的說：「有準備就早點講啊！還問我，連這點概念都沒有，是不是以後跟你們合作，我還要替你們準備一堆功課才能做事呢？趕快報告吧，有夠不專業的團隊。」客戶從頭到尾都在數落我們，每一句話聽起來都格外刺耳，而且越講越難聽。我們將能夠為客戶而做的行銷案一一簡報過後，客戶冷冷的回：「果然，小公司能提的不過就是這樣，算了，老闆覺得你們好就好，我不想理會了。」

　　會議結束後，我們在計程車上非常憤怒地討論剛剛的會議，同事們對業務有諸多抱怨，質疑為何要接下這個案子。主管則跳出來說：「沒有客戶會為我們量身訂做，我們既然從事服務業，當然也得看客戶的臉色。客戶態度不好，那是他的修為不夠，欠缺修養，我們不去跟別人計較個人問題，而是站在公司的立場，想著要怎麼把工作完成，獲得我們該有的回報即可。也許這客戶很差，未來他一定會面對自己的問題，我們別再跟對方計較，你們年紀都還小，會碰到的問題同樣很多，就當這個客戶是給我們的挑戰，給我們學習成長的空間，以後再碰到才會有足夠的經驗與本事來

處理。」主管說的有其道理，大家的情緒瞬間被安撫了。

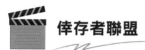
倖存者聯盟

　　職場上碰到口出惡言，帶有羞辱意圖的人，不可能會少。不僅是客戶，連自家公司的人都可能對你這種態度。因此，如果每次遇到這些惡言相向的人，都得耗費心思去處理，未來的職場生活可能會過得非常辛苦。我們無法改變任何人的態度，對方也不會想到要改變自己，可是這些人的存在，卻是實實在在地給予大家必要的困擾。曾經有同事這麼跟我說：「那些話說得很難聽、待人態度又很差的人，就當他們是黑面菩薩吧，別理他們，今天遇到了，以後也可能遇到，不可能一輩子都不會遇到這種人，要是這次碰上就反應這麼大，下次碰到同樣的另外一個人，不是也會很痛苦嗎？一直活在這種痛苦之中，不也難以做出什麼像樣的事情？還不如學著跟他們相處，理解他們，反正橫豎都得面對不是嗎？」

　　有錢到底能不能擺個大爺樣給人看？社會很現實，對方想怎麼做，我們無法改變，尤其在當我們還不夠強壯的時候，試著去接受與承擔，某種程度也是磨練、學習進而成長。一輩子沒有跌倒過、沒吃過苦的人，又怎麼知道跌倒之後的痛，更不會清楚在痛

過之後，應該怎麼站起來。也許，他只會在原地自怨自艾，抱怨著為何會碰上這些令人痛心的事情，可是換個角度來說，我們人之所以會成長茁壯，不也是碰過夠多令人難以接受與承受的事情，才會變得堅強，得以面對那些外界的挑戰與困難。能夠適時調適心情，去處理那些爛脾氣的客戶、主管，**有本事將他們的負面能量轉化成工作進步的動能，必然會有所收穫而不會只有情緒上的往來。**

不是只有職場新鮮人才會碰到這些問題，即使到了我現在的年紀，依然會碰到很多人有情緒管理的狀況。對方會認為自己給了很多錢，交付許多重責大任給你，因此用一副「我就是老大，付錢最大」的態度來待人處事，這種人不可能永遠迴避，或自以為絕對不會再碰到。差別只在於，年紀輕的時候沒有經驗，不知道怎麼應付他們會比較恰當，可是在年紀大了之後，碰過的經驗變多，反倒知道如何好好應付他們。

這類情緒容易外顯、表現出來的人，相對的也很容易暴露出自己的缺點，只要多加觀察，不難發現對方所在乎的點在哪裡，只要妥善運用他的缺點，有時還能反將對方一軍，令對方啞口無言，無法反擊。

穿得隆重被說誇張，
穿得簡單又被嫌棄沒禮貌？

新鮮人狀況劇

有些在職場中比較有經驗的老鳥，會囑咐菜鳥在打扮上不要太過度，盡量簡單一點；這類打扮上的提點，尤其在業務單位特別多。原因是職階之間的差異，如果穿得太過頭，顯得特別招搖，比主管還要搶眼，或許會引來不必要的關注，比如被主管多問了幾句，好奇你為何穿得如此華麗、顯眼。雖然想要選擇什麼樣的穿著，屬於每個人的自由，可是假想一下，如果業務女主管穿得樸素保守，同為業務的新進女同事卻穿得性感迷人，兩人一起拜訪男性客戶，會不會發生客戶的焦點都在新進女同事身上呢？

還有一種狀況也會造成特別的比較，像是新鮮人拿著數十萬的名牌包，穿著國際知名品牌的套裝，展現出貴婦氣質，令整間公

司的人立刻顯得黯淡，連同老闆、主管都比不過新鮮人展現出來的
氣勢，導致客戶來公司拜訪的時候，誤以為新鮮人才是負責人之類
的，進而引起不必要的諸多猜想。除此之外，職場上穿著太華麗，
容易被人解讀成炫富，令同事們私底下八卦、揣測，嚴重一點可
能會有人覺得「不缺錢還來上班，該不會是來這公司玩的吧？」

　　大部分的職場新鮮人，通常不會在平常上班時，做出超過自
己本分該有的穿著或打扮。可是經驗不足的新鮮人，在面對大場
合、大活動、大型社交場合，代表公司出面時，難免會藉機希望
表現一下，此時穿著打扮也許就會失去該有的正式。例如，參加
大型演講，男生穿著高級西裝出席，看似問題不大，但如果這個
大型演講，邀請的是各行各業的工作者，而非某個特定領域的研
討會，在現場穿著高級西裝可能就會有點格格不入，與其他人比
較起來相對會有落差，帶給人們距離感。到底該怎麼穿會比較好？
正式一點又太超過，休閒的話又不正式，好像穿什麼都不對，實
在很難拿捏這中間的標準！

紀香的逆襲

　　曾經我對自己的穿著無感，想怎麼穿就怎麼穿，完全不在乎

別人怎麼看，反正穿自己開心的，不在乎旁人觀感。於是，我經歷很長一段時間，別人跟我相處往來都有隔閡與距離，我不確定是不是因為穿著的關係，直到有一次，一位資深同事跟我聊道：「你每天這樣穿不會冷嗎？」我回答：「不會啊。」資深同事說：「不管什麼季節，你每天都穿很少耶！」我沒有多想，還是照回：「不會啦，我還蠻耐得住冷的。」最後他才說：「你知道這樣穿，大家不敢走在你旁邊嗎？」

突然來這一句，我有點嚇到，我問說：「為何我的穿著會讓同事們不敢走在我身旁？」資深同事說：「因為你穿得很特殊，講白一點有些暴露，所以他們跟你走在一起會很有壓力。平常在辦公室裡做事沒有感覺，可是走在外面，很多路人都會注意你，甚至對你指指點點，也許你沒有發覺，可是同事們都明顯感受到那些壓力。」第一次聽到有人這麼說，一時半刻不知該怎麼反應。資深同事繼續說：「大家開會也不太好意思看著你，很多時候眼睛不知道往哪邊擺，很不自在。」

如果在過去的話，我可能會覺得這類語言是歧視和排擠，但隨著年紀增長，發現身邊一直沒有什麼要好的同事，而且從以前到現在都沒有人主動跟我說這些，直到親耳聽到，才意會到也許真的是我的穿著導致沒有同事願意跟我相處。我繼續問資深同事：

「我的穿著不太適合，怎麼會到現在才跟我說？」資深同事回我：
「或許大家都認為那是你的自由，不想干涉你太多，可能我太雞
婆，不知道你會不會在意別人刻意跟你疏離，但也許你有感受到
大家不擅長跟你相處，而這有很大一部分的原因是來自於你的穿
著讓別人不自在。」

那次之後，我開始調整自己的穿衣風格，與同事之間的相處
好像有好一點。幾年之後，擔任高階主管工作的我，突然被總經
理在假日找出門，他對我說：「你現在是管理公司的人，每天都
穿得像是出來跳舞、走秀的藝人也不對，你應該要有專業經理人
的形象，否則我沒辦法將更重要的工作交給你。」我反問總經理：
「能力跟穿著有很大的關係嗎？為何我這樣穿不能做重要的事情
呢？」總經理很不滿的說：「客戶會在意、你的下屬會在意，投
資人也會在意！你知道他們在意什麼嗎？在意這個人可不可信賴、
這個人能不能依靠，而穿著是人們眼中最重要的第一印象！」

我還想多講幾句回總經理時，他突然說：「55、38、7。」我問：
「這是什麼數字？」總經理要我多讀點書，並且解釋：「**55% 的人，
從你的穿著來決定要不要跟你互動，以及看到你的時候，認知判
斷你是個什麼樣的人；38% 的人，則是從你的行為舉止、反應行
動來作為能不能再交談下去的依據；至於最後 7% 的人，才是最後**

願意靜下心來聽你講話的人，你自己看有多少人在還沒聽你講話之前，光從外表就篩選你一輪了，要是第一印象看到你就覺得不是一個可以講話的人，縱使你有再好的能力與本事，你覺得對方會在乎嗎？會把你當一回事嗎？」

聽完總經理的說法之後，後腦勺好像被重重敲了一下，又一次在穿著上被人指點，只是總經理說的有道理，而且我自己也沒想過，上次調整穿著，只是為了要拉近跟同事之間的距離，可這次身分有很大的轉變，從執行工作者變成專業經理人，需要面對跟應付的人有著很大的差別，如果這點沒做好，也許真如總經理所說，會很難在我的領域有所發揮。

總經理最後加了一句：「你要有本事，就做到別人完全不把你的穿著當一回事，但事實是，大多數人都活在制度跟教條之中，每個人都有固定相似的審美觀。你已經與眾不同，但你活著的世界還是需要跟大多數人相處，他們要不是幫你，要不就可能害你，這全部取決於你在他們心中的形象與地位，而這裡面最好經營的，就是將自己的穿著打點得符合你的身分，這樣同事們跟你工作才會舒服。」

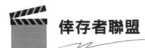 **倖存者聯盟**

　　面對不同的場合應該要怎麼穿著，建議職場新鮮人平常多準備幾套西裝或套裝，尤其在剛到職的時候，可以穿得稍微正式一些，然後測試看看同事、主管的反應。要是很明顯穿得太正式、拘謹，會有一種無法融入環境的感覺，這時再來斟酌調整，其實會比較恰當。不過請記得，內勤工作較多的人，可以相對稍微休閒、輕鬆一些；若是需要高頻率地接觸客戶，常常得到客戶那去拜訪的人，還是需要多準備一套正式的服裝在辦公室裡，以防臨時要去拜訪客戶，穿得太隨便可能會被客戶打上不專業的問號。

　　另外，適度藏鋒也是一件很重要的事情。比方說家境不錯，二十歲出頭就買得起愛馬仕一個要價四、五十萬的手提包，拿在手上要不被人看到也很難。在職場中切記，千萬不要給人愛現、炫富的感覺，身旁的同事都是一起共事的對象，不是你用來炫耀階級財富差異的場合。畢竟，各方不同的人，來到同一個地方主要還是為了做事，請別將公司作為個人伸展舞台，拿太多名貴的手錶、包包、衣服、鞋子來襯托出自己獨有的氣質或風格。即使連老闆要這麼做，還是會看場合，更遑論一般員工，再加上若是初來乍到的職場新鮮人，在公司裡太過招搖，難免日後在工作往來跟互動上給同事說閒話的機會，增添無謂的煩惱。

　　有些公司文化比較特別，這時穿著考量就要配合公司。例如，從事時尚流行行業的公司，公司文化比較重視打扮，如果不好好打點自己的話，也許無法符合公司的期待，嚴重一點可能還會被撤換。我曾拜訪過某知名廣告公司，他們以承接時尚類型的品牌客戶居多，因此從門面開始的接待小姐，穿著已經接近名模等級，從妝髮到造型，每個細節都看得出來是精心設計過，體現出公司的形象與態度。從某種角度來說，這種超強的氣勢，一踏進去就會感受到，從門面就開始篩選客戶，讓某些客戶知難而退。

　　雖然想要怎麼穿屬於個人自由，穿著還是配合公司文化比較好，不同的職別，會有不同的穿著要求。業務單位相對單純，盡量正式就好，服裝儀容整頓好，面對客戶就不會有麻煩；公關單位常要面對新聞媒體與客戶，這時要顧及的是整體形象，不單只是正式而已，要能給人一種可以信賴、值得託付的感覺，可將整個場面穩住，讓大家願意仔細聽你說什麼，而不是對你的打扮評頭論足，試想一個穿著像大嬸的公關經理，在新聞媒體面前談論流行、市場，會帶給人什麼印象？

　　佛要金裝，人要衣裝，做什麼就要像什麼，千萬不要以為「外貿協會」都是別人偏頗，懂得穿出專業感，才是你的致勝武器。

提案總是做不好，
應該如何打中客戶真正的需求？

新鮮人狀況劇

提案是職場新鮮人正式服務客戶之前，相當重要的前置工作。會參與到提案，通常對於公司內部討論客戶需求、彙整客戶的各項資料，已經經手處理了一陣子，才會配合業務單位製作提案企劃。因此，提案對職場新鮮人來說，是一大挑戰也是一種能力上的認同，如果提案寫得好，能精準掌握客戶需求，並且跟內部同仁做過妥善討論與溝通之後，將能夠提供給客戶的服務內容撰寫出來，從提案來說服客戶買單，為公司帶入收入，獲得客戶認同，替公司加分，是一件相當不容易又極為重要的事情。

只是，在能力與經驗還未達一定程度之前，甚至接觸客戶的頻率也不夠高，要怎麼寫出一份能夠打中客戶的提案，對職場新

鮮人實屬一大難事，而且提案能否在最少的修改次數內通過，盡快將客戶的案子簽下來，攸關於公司與客戶的關係維繫。面對公司與客戶的壓力，要能精準地寫出因應客戶需求的提案，成了一門門檻極高的挑戰。跨得過去，順利拿到客戶的案子；跨不過去，失去客戶被競爭對手搶走，同時承擔極大的負擔與壓力，能否調整自己的心態去面對，並且做出亮眼的提案，會是一大考驗。

該怎麼樣才能把提案寫好？提案要寫的重點是什麼？客戶在乎的點又是哪些？有沒有什麼方法能令客戶快速掌握想表達的重點？各式各樣的問題，滿佈在新鮮人的腦海裡，該怎麼下筆，提案簡報要設計成什麼樣子？每前進一步，問題跟著變多，雖然拼命想要寫好，不過空空的內涵，不清楚怎麼定義出客戶的需求，能不能做好已經不是計較的重點，反倒是能不能做出來，才是最大的苦惱。

紀香的逆襲

台灣某知名高質感書店通路，曾經是公司極力想要爭取合作的對象，只不過還沒接觸客戶之前，已經從業界打聽到許多「該客戶很不好搞」的傳言，而且客戶對於企劃、設計要求之高，讓

許多公司為之卻步，可公司卻還是希望能爭取這個客戶，為公司帶入一個漂亮的案例，成為下個階段發展的重要里程碑。因此，總經理在會議上向相關同仁指示：「下個禮拜要到該書店通路向他們的行銷經理提案，請各位同仁務必做足準備，拿出全部心思，盡力收齊情報，掌握客戶的需求，盡量在最短時間內獲得客戶認同！」同事們聽了都躍躍欲試，大家也很期待能夠跟這麼知名的書店通路合作。

隔天，主管私下找我，他說：「你看起來會是目前比較適合做提案的人，曾經做過設計，而且還擔任過企劃，現在則是做行銷，有配合業務到客戶端的經驗，這個提案交給你做，我想再適合不過了。」聽到主管如此肯定與認同，心裡極為開心，但很快的情緒馬上轉為緊張地問：「公司應該有比我更適合的資深同事才對，將這案子交給我，不怕會漏失這個客戶嗎？」主管聽到立刻反問我：「所以你沒有信心，覺得交到你手上，客戶會跑掉嗎？」我當然不是這麼想，趕緊回覆主管：「絕對不是！只不過想到公司有那麼多資深的前輩，他們能力肯定比我還好，這麼重要的案子由他們來處理，會好過於我這樣的菜鳥。」

主管逐漸面露難色：「如果你沒有信心，不想做這個提案的話，可以現在拒絕，我將案子交給別人做。」我立刻發現狀況不對，

趕緊回覆：「沒有！我當然想做，我會盡力將提案做好！感謝公司給我這個機會！」主管才說：「很好，那就好好做吧！能把客戶拿下來，那是你的功勞，盡力而為。」我答應主管之後，回到位置上，隨即準備收集客戶資料。業務部的同事跑過來跟我說：「恭喜你成為這案子的提案人，老闆很重視這個案子，我們業務部主管同樣也很看重，大家都覺得你是適合的人，請多多加油，為公司爭光，也給大家一個日後能在客戶面前表現的機會！」

沒想到會被指名寫提案企劃，我跑了好幾趟該書店通路，試著去感受該書店呈現出來的質感，以及觀察他們的擺設，試著去理解，為何要這麼裝潢，整體情境與氛圍是如何設計出來的？同時隨手攜帶著繪畫本，畫下書店內的不同場景還有各個角落的佈置，仔細觀察每個我覺得有趣的細節，包含了店員的長相、氣質、動作，一點一滴將我所見、所聞全畫在繪畫本裡，然後回到公司後掃描進電腦，加點顏色、換個筆觸，想要看看書店的樣貌有多少種可能性。

某天晚上，主管非常訝異的問我：「你什麼時候去畫了這些圖？」我回主管：「下班後有空就特別去書店一趟，因為書店內不能拍照，所以我坐在地板上，跟著那群看書的人們，畫了整個晚上。」主管露出驚訝的表情問：「你為何會想到要這麼做呢？」

我回主管：「因為從網路上能收集到的資料有限，而且客戶透露的資料也不多，從業務同事那邊拿到的資料，可能跟其他公司是一樣的，可我想做點不同的東西，想更了解該間書店，理解他們是怎麼與來店的客戶接觸，又是用什麼樣的態度來接待客戶，這些問題我都想了解得更深，因此到書店去作記錄。」

主管請我把繪畫整理成一張又一張的簡報，隔天刻意在會議上跟大家說：「光是看到每一張為了客戶而手繪的圖片，都有著獨到的視角與觀點，甚至還有眼睛所看不到的靈魂與溫度，那種用心、細心、耐心，已經展現得一覽無遺了，還不用做到提案，我就願意將案子交給他了！請大家好好向紀香學習，我們未曾為了任何客戶的提案做到如此程度，他是第一位，也是目前唯一的一位，但他過去沒有任何的提案經驗，或許是我們該跟年輕人多多學習的時候了。」同事聽了紛紛為我鼓掌，同時稱讚我的用心。當然，最後我們順利拿到提案，客戶對於我們的表現抱持非常高的認同，尤其看手繪的圖稿來勾勒整個提案的核心，可說是讚不絕口。

倖存者聯盟

提案想要做好，最重要的關鍵在於「有無正確與準確地掌握

客戶需求」。說起來容易，實際做起來卻很難。尤其是很多新鮮人在做提案的時候，不習慣多做一些功課，從不同多元的角度找答案，僅只是閉門造車，將自己關在電腦螢幕前，看著白茫茫的電腦螢幕，想像著提案內容會自動從腦袋中冒出靈感。隨著時間一點一點過去，要交出提案的截止時間越來越近，心中的不安跟緊張開始充斥著，本來還能稍微寫一點東西的本事，慢慢被情緒給堵塞，無法正常寫出一份像樣的提案。追根究柢，問題還是出在對客戶需求的認知與理解不夠多，架空在虛幻的事物上，其實沒有任何說服力，想要憑空生出提案企劃，難上加難。

我建議要寫好提案，除了平常要提升自我能力之外，還得持續精進專業上的各種職能技巧，例如培養好的觀察力與多元思維解讀的本事。一份好提案，不單單只是從業務、企劃得到的資料就可以寫出說服力，重點還是在於能不能對客戶投其所好，理解客戶所謂的「好」是什麼，而不是憑空揣測與想像。商業類型的工作，必然跟利益有其掛鉤，客戶在乎的「點」，應該從客戶經營項目研究起，好比前面提到的書店，他們在乎的不只是賣書，而是賣一種服務、一種氛圍、一種文化與態度，搞懂這些會比急急忙忙動手寫一個空泛的提案重要許多。不然，沒弄清楚隨即趕工動手，一交出去才發現根本風馬牛不相干，也是白做。

　　還有很重要也不能忽略的一點，身為專業工作者，對於生活週遭的觀察與敏銳度，是不可或缺的技能，畢竟專業不單單只是從工作中磨練而來，**從日常生活中的體悟、領悟，探索出與過去不同的觀點、看法，那才是在工作中可以令自己脫穎出眾的核心。**這麼多年來，指導過許多企劃人員，參與過無數次提案，大部分看到的通病，不外乎撰寫提案時，過度封閉自我，沒有仔細掌握客戶需求的核心問題，還未清楚定義客戶問題之前，急就章地寫出提案，當然會被反覆修改，進而造成工作效率不彰，在你來我往的磨合之下，將客戶的耐心給磨掉

IMPORTANT
ATTITUDE

想要真正打中客戶的需求，
那就想盡辦法站在客戶的身邊，
用他們的視野與立場看待大局，
答案自然會在眼前出現。

客戶只想拗降價，
我該站在公司還是客戶的立場？

新鮮人狀況劇

　　「可不可以便宜一點啊？」、「能不能多給我們一點折扣？」業務類型工作的新鮮人在面對這方面問題時，有時為了業績想要趕緊將案子簽下來，往往會面臨兩難。難的是好像給一點折扣就會簽下來，可是對公司怎麼交代？另外，如果真的給出折扣之後，客戶又要求更多，此時該怎麼應對？若是公司的政策就是不二價，完全沒有議價的空間，可是客戶卻不斷提出「差個 5% 我們就簽約了」的訊息，表明如果連這都不肯讓，這案子就別談了！各種招式出盡的客戶，考驗著業務新鮮人的應對技巧，加上背著如山高的業績壓力，誰不想趕快把約簽下來達成目標呢？

　　眼見離每月檢討業績的時間點越來越近，可是距離達成業績

目標還有很長一段路，能多一個案子進來是一個，此時，有些資深的業務就會教一些「小撇步」，例如業務跟客戶私下商量好，案子金額所降下來的比例，可以從業務的獎金去扣，私底下領到獎金之後，再用各種方法回饋給客戶。這麼做雖然犧牲了業務獎金，但卻保有業績，不會被公司責難。還有一種做法，事先跟公司講好客戶後續還有一個案子，簽下此案之後，可以有機會再接到下一個，試圖用下個案子來養這案子的折扣，用以說服公司簽約；此方法的危機在於，下個案子根本是個空包彈，多用個幾次很快就會露出馬腳。

最糟糕也最麻煩的客戶，莫過於對專案金額完全沒概念，一口價開出的金額令人感到相當為難，這時該客戶被拒絕的機率很大，但如果是知名品牌指標性的案子，業務新鮮人可能硬著頭皮也得想辦法與客戶協調，畢竟，公司想要獲得該品牌合作機會，卻完全不能接受報價；客戶根本不想給太多錢，只想硬凹公司，這種情況可能須進入公司內部討論。其實專案執行者都很清楚知道客戶態度，只是公司有公司的立場，客戶有客戶的需求，當業務卡在中間，就需要有破局的智慧了。

 **紀香的逆襲**

　　創業那一年，我們剛推出的行銷服務產品，起初的設定是按照客戶需求量身訂做，因此報價的內容，會依照客戶選擇的產品多寡而定。例如，功能與服務越多的價格越高，要是再加上客製化的服務，另外還會收取額外的規劃費、開發費、維護費等。看似沒有太大問題的產品價格規劃，一到市場上隨即碰上許多問題，新進業務同仁將 Sales Kit 丟給客戶看，客戶一下說那不需要、那用不到，又提到想要這個與那個，比起市場上其他同業，我們的還不完善，希望我們可以為他們多做一些，但要減少其他的功能，不想支付太多的費用。

　　業務陌生開發個幾次回來後，發現同樣問題還蠻常發生，轉而提出需求，希望內部在產品規劃上可以多做調整，讓業務在市場推廣上有比較大的彈性空間。業務說：「客戶抱怨我們的定價太高，其他同業的價格都很低，我們沒有競爭力。」當時我不是很高興地回業務：「別人可以做到那麼低價，那是因為對方經營多年，長期早已將開發、服務的成本攤提做完了；而我們是全新的服務，從行銷內容到平台功能，不論介面或是操作性，都比現有的競爭對手要來得好，應該從我們能做到的價值去說服客戶，而不是就表面上的比較來砍自家服務的價格！」

　　在那一場爭執過後，業務同仁依舊要我們修改產品價格方案，不然沒有案子進來，大家在內部爭是非也沒有用。此時，經過討論後，我們決定退讓，給予業務彈性與空間，將原本套裝式的銷售產品服務，改成為客戶專屬量身製作，冀望能盡快將案子簽下來。幾週後的業務檢討會議，業務說：「這幾週跑了很多客戶，客戶雖然對我們的產品與服務讚譽有佳，可還是沒有人願意付費，也許是我們公司比較沒有名氣，大家不願意跟新公司簽約。」我一聽到，立刻跳出來說：「當初說是價格的問題，現在變成公司沒有名氣，那到底要做到什麼程度客戶才願意簽約？」業務無奈搖搖頭，兩手一攤只表達不知如何是好。

　　業務的業績遲遲沒有達標，我們一個案子都沒有簽下來，可是薪水卻每個月固定支出，業務最終受不了，只是簡單說了句：「對不起，我能力不足，做到這個月，謝謝。」留下幾個呆坐在會議室裡的同事，即使心裡有再多的不甘，還是無法改變業績掛蛋的事實，好像付薪水的都是傻子、笨蛋，要求下去的工作都是無理、麻煩，然後為了業務做出的改變，全都成為空談與泡沫。後來，公司實在經不起連續幾個月業績掛蛋的狀況，只好改變客戶策略，採取先求有再求好的方式，結果想都沒想過，這麼做卻造成更無可逆轉的後果。

一開始，客戶聽到不用錢，願意給我們機會接案，加上我們沒有限制案子執行的範圍與規則，只想著終於有案子可以先做點事情，贏取客戶信任之後再來賺取口碑。完全沒想到，合約沒有講清楚的地方，竟然成了客戶對我們無理要求的依據：「你們合約上面清清楚楚載明，會盡力完成客戶的相關需求，並且依照客戶所制定的時程做完，現在要你們多做一點，壓了時間之後才開始推三阻四，是什麼意思？不給我個交代，我一定把你們公司告上法院！」我們這才意會到自己的經驗不足，胡亂簽下喪權辱國的合約。

如果做這案子有拿到錢，或許心中還能有所平衡，可是公司已經沒資金，又免費為客戶做案子，同事做得很不高興，不幹的不幹，沒心工作的早就擺爛，答應客戶的進度不停延宕，最後不僅沒賺到客戶的好口碑，還差點要賠錢給客戶。此次經驗告訴我們，**專業有價，要想辦法將自己的專業賣掉，即使要免費幫客戶做，也得審慎篩選過客戶**，能夠掌握好客戶才是關鍵，不然對公司來說只是賠了夫人又折兵。從頭到尾，我們沒有想過為何產品在市場上會被客戶砍價，只是想說做出好的服務，能夠替客戶行銷，應該就能獲得相對認同，卻忽略同時競爭的對手有多少，以及我們有沒有足夠的本錢跟這些競爭對手對抗，以致於不管退讓或是不退讓，都無法獲得客戶在市場上的認同。

 **倖存者聯盟**

　　工作久了，要不碰到客戶砍價幾乎是不可能的事情，換個角度來看，自己去買東西，同樣也會希望可以便宜一點，公司與公司之間的往來，用較低的價格買入商品或服務，實屬企業之間的日常，不大可能完全避開。因此，當客戶在計較價格之前，要先明確搞清楚自己在市場的競爭地位，還有提供產品服務的具體品質、價值。沒搞清楚的話，只是單方面的自我感覺良好，以為好東西客戶自然會發覺，此時很有可能會落入自己挖出來的陷阱而不自知，產品賣不掉就算了，還不停地內耗，外部市場都還沒打下來，自家人打自家人的戲碼上演，很難有什麼出色的表現。

　　客戶提出價格要便宜一些，到底該怎麼應付會比較恰當？我的建議是先了解客戶的具體需求，如果碰到無理取鬧只想砍價格的客戶，而且也不是指標性的客戶，對公司不會帶來額外效益時，那就趕緊放掉，找新的客戶，不然耗在沒有貢獻度的客戶上，耽誤自己服務其他客戶的時間，比起被砍價來說更是浪費。

　　不要只拘泥於客戶提出價格異動的需求，還得看看這客戶有沒有值得經營的本質，像是公司的品牌藉由接下客戶的案子後，連帶有好的案例出現，可以更容易獲得其他客戶的認同，這麼去

看待，價格要不要被砍，在經過內部討論之後，以視為投資的角度來處置，會是個比較適切的做法。

重點不是碰到客戶會殺價，反倒是跟不適合的客戶糾纏太久，影響工作效率與情緒。很多業務新鮮人處理問題時，只看單一面向，忽略了服務客戶要從多元的角度來看待，一如前面所提到的，要是值得經營的客戶，用投資的角度來對待是一種；若這客戶沒有任何值得合作的意義，純粹只有金錢的往來，面對業績壓力時，是簽還是不簽？這就得從客戶的需求及公司內部人力與成本能否符合的狀態去評估才能得知。如果真的不知道該怎麼做，可先問問看公司內部同仁的執行狀態還有沒有多餘的能力幫忙，要是工作分配尚未滿載，還有很多的空檔可以跟執行單位主管協調，把執行此案當作內部人員能力培訓之用；但如果工作大滿載，無法再處理更多的客戶，這時只得拒絕客戶，畢竟專業有價。

不在一個問題上打轉太久，趕緊往下一個去找機會，會比起看到一個可能有機會，但卻在價格上反覆耗費時間的客戶要來得有效率。從事業務工作的新鮮人，一定要記得，工作不只是業績壓力要扛下，能不能讓自己的工作上軌道，培養出一套應對客戶的技巧，才是關鍵。若跟每個客戶往來都耗時耗力，得不停跟內部溝通爭取支持，這些過程都不一定對自己是好的。

　　建議在談價格之前，先培養出一套好的溝通技巧，試著展現說服他人的能力，將自己變成可以解決問題的人，整體工作價值才會被看到，也才能成為公司之中值得信賴的夥伴。

PRESENTING

說話總是會出錯，
該怎麼學習得體的應對進退？

 **新鮮人狀況劇**

　　說話的技巧或藝術，本就是一門不管到幾歲都得學習的重要課題，尤其職場新鮮人對於說話的熟悉度尚未提升到一定程度時，有很高機率會說出不得體、不應該的話。事情可大可小，小則只是被同事或主管取笑，大則被客戶或合作廠商嘲笑不專業、不可靠。光是說話往來的內容、技巧沒有處理好，有可能影響公司在外的聲譽，以及對外跟客戶之間合作往來的信任，進而造成客戶對公司的負面印象，導致實質上的營業損失。

　　不過真正會造成障礙或阻礙的，還是當職場新鮮人說出不得體的話之後，常常被糾正錯誤，反覆幾次之後，變得不敢說也不會說。常言道：「多說多錯，不說不錯」，指的正是這類相對逃避、

閃躲的心態，不去正視問題、解決問題，反而選擇隱忍不再多說，逐漸失去與他人溝通的能力，令說話的方式與技巧變得更差，然後到了非不得已的時刻，又說出讓人白眼翻到頭頂的話語，正所謂「一步錯步步錯」，一連串的錯誤累積沒有辦法改善，在同樣的問題裡面鑽牛角尖，只會加劇原本就已惡化的狀況。

　　沒有人可以完全保證不說錯話，即使職場資歷再久、工作經驗再豐富，都會發生說錯話的情況，業界資深老鳥，哪怕是做了二、三十年的業務，依然會在客戶面前說出不適當的內容。說錯話不是問題，有經驗又資深的人，還是會有辦法將自己說出來的話給「圓」回來。可是職場新鮮人沒有太多與客戶、合作廠商來往過招的經歷，單一直線的話語發出去，即使說錯了也沒有辦法修正，臉上甚至露出惶恐的表情，等於直接舉雙手投降。說話這麼難，總是出錯，該怎麼樣才能學好應對進退呢？

紀香的逆襲

　　從事行銷工作時，曾有一小段時間兼任業務，成為職場菜鳥業務。被老闆指派的當下，心裡滿是抗拒與不悅，心想：來應徵行銷工作的時候，根本沒說到要做業務，臨時調動別人做業務，也

沒有經過我的同意，只是片面要求我配合，未免太超過了吧！不甘願做業務的不滿情緒全寫在臉上，很明顯的讓業務經理注意到。業務經理把我叫到一旁問：「感覺你很不想做業務？」我不是很耐煩地回答：「沒有，老闆要我做，做就是了。」業務經理又說：「心不甘情不願，口氣那麼差，你不想做可以回絕老闆啊！」我淡淡的回：「說了又沒用。」一句話點燃業務經理的怒火，他對我破口大罵了一小時，不想聽也不行。

那次之後，業務經理對我的態度非常之差，交辦工作時，更是嚴格到不行，每件事情從頭盯到尾，一點空隙都不願放過。他要求我跟其他業務一樣，要打陌生開發電話，並且特別指名要坐在我身旁，聽我怎麼跟客戶說。心裡千百個不願意，可畢竟他是主管，我無法拒絕，只得硬著頭皮在他面前講電話。一個多小時後，業務經理要我停下手邊工作，問我：「要怎麼做才能讓客戶願意聽你講話？」我回說：「好好的自我介紹？」業務經理立刻罵我：「你誰啊？我幹嘛認識你！你自己接到電話行銷時，難道會因為對方好好介紹就認真聽嗎？不會吧！通常掛掉電話的比例較高吧？」他說得有道理，我也無法回嘴。

電話開發結束後，業務經理非常憤怒地把我叫到會議室狠狠修理了一頓。他一開口就說：「不管你是不是心甘情願，既然做

了就做到好，一副愛理不理的方式講話，你覺得電話另一頭的人聽得下去嗎？」我才剛想回嘴，業務經理又繼續說：「不想做可以不要做，但不要做出會令一群人被看貶的事情好嗎？你自己不專業是你家的事情，老闆指派你來做，你不認真就會影響那些認真在做事的人，你是自己無感還是惡意害人？」我覺得業務經理的說法有點過分，回了一句：「我要不想做，連電話也不會打了！」此話一出，業務經理瞬間爆炸，繼續大罵道：「所以打電話就算是一份工作喔？你認為業務只需要打電話，不用訓練對話的技巧和溝通話術嗎？」

接下來業務經理的炮轟，如連珠炮機關槍一般不停歇，我也只能一直挨罵，想回嘴也沒辦法。業務經理罵得太大聲，罵到老闆聽到跟著進來會議室查看狀況，而我看到老闆一進來，頓時覺得整個狀況非常糟糕，沒想到此事竟然被老闆看到，開始緊張又擔心。業務經理向老闆說：「教育新人業務，對業務工作沒有基本的認知，還有很多基礎態度沒建立，正在讓他理解一位業務做電話行銷的正確方式。」老闆突然岔題說出：「我在門外聽了一段時間，看起來是他不太願意做業務工作，而且輕忽業務工作的重要性，因此被罵了是嗎？」業務經理點點頭，我也只能畏縮地看著地上，不敢看老闆。

　　老闆轉頭看著我，換他問我：「你有不想做嗎？」我立刻回答：「沒有！只是……」老闆接著又講：「只是……不覺得自己該做，所以不想做嗎？」我搖搖頭，示意不是如此，正想解釋，老闆又說：「搖搖頭，所以願意做，但是心不甘情不願吧？我這麼解讀沒錯吧？」我瞪大眼睛看著老闆，說出：「是。」老闆聲線拉高吼我：「是？是什麼？我指派工作的時候你可以拒絕不做，不論是出自於什麼樣的考量，你說出不做，我頂多要別人做，但你沒搞清楚，答應要做那就是做好，而允諾之後，又愛做不做，造成別人困擾，這像樣嗎？」我覺得還是有必要說明：「可我是做行銷的……」

　　一句話同時惹毛老闆跟業務經理，老闆說：「我會不知道你做行銷？你再繼續搞不清楚狀況，再說出那些令人匪夷所思的話啊！你到底知不知道自己幹了什麼？工作上可以選擇不做，那是你的自由，可是答應要做之後，那是你要扛下的責任，不是說要做，然後愛做不做的，如果今天每個人都用這種態度來對待工作，公司還能做出什麼像樣的成果嗎？」我被老闆罵到啞口無言，深怕自己再多說幾句，又惹出更多的麻煩。老闆看我的反應，反問我：「沒話說了？所以默認自己是個工作沒有用心的人？被指派不願意做的工作，因此產生抗拒感，所以造成其他部門的困擾？」此時我不想再多做解釋，結果老闆下一句竟然撂下：「那你就做到今天好了，我們公司不需要這種輕忽怠慢的人。」於是，我被開除了。

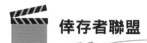 **倖存者聯盟**

「話多不如話少，話少不如話好，話好不如話巧。」進入職場後，常常聽到這句話在耳邊出現。我曾因為好幾次話沒有講好，得罪主管、得罪老闆，但得罪客戶的後果最為嚴重。有了無數次吃虧的經驗之後，到了一把年紀後才開始試著在說之前，先暫停個一、兩秒再說出口。「禍從口出」這句話，每個人都聽過，可是在沒說出口之前，又怎麼知道哪些會成為禍，哪些又不會呢？所以才要練習說話的技巧，可具體來說，到底什麼是說話的技巧？更準確來說，所謂的技巧應該來自於「經歷一段職場磨練過後，知道哪些時候該說，以及該說些什麼，還有在什麼時機閉嘴的智慧。」

說話可以刻意去練習，經由反覆練習想要表達的內容，將想說的內容內化成身體的一部分，變成自己的核心思想、中心意志時，不論這樣的話是否擅長去說，都可以在長時間練習之下，將說話、表達技能持續提升。不過，面對職場快速多變的環境，不光只是說話的練習，很多時候反而需要磨練出「對話的智慧」。

職場中，沒有人會完全不說錯話，差別只在於說錯話的人，有沒有本事修正，同時再將事情給圓滿的處理好而已。職場上是一對多、多對多的溝通環境，一句話講出來，會有「說者無心，

「聽者有意」的情況，因此，能不能理解自己的話語會被別人刻意扭曲或解讀成另類意涵，就成為最關鍵的能力。話想要說得巧，不被人胡亂解讀，最好的方式就是說話前先摸透對方的眉角。

　　不只是面對老闆和主管，對於客戶，口頭上的應對進退更要練習 100% 的得體！每個人聽話的重點、感受都不同，不要一直想著怕犯錯，然後卡住思緒而不敢講。講話前，先弄清楚跟誰在說話，還有對方比較喜歡聽哪些話，對於溝通的效率會有顯著的提升。切記，不要自顧自地講自己想講的，而忽略眼前人所在意的事情。每個人在意的不外乎是與利益有所關聯，只要牽扯到個人利益，很難絕對的公正、公平，這也就是為什麼說話前，先認識摸透對方是個什麼樣的人，懂得對方比較在乎的事情，再來思考話可以怎麼說，會是比較適當的做法。

IMPORTANT
ATTITUDE

所謂的「見人說人話，見鬼說鬼話」，
掌握得了這種精髓，有時反而是溝通的利器。

玩藝 VIS0084

做事先得學做人！職場生存必備學

作　　　者──織田紀香

封面設計──季曉彤（小痕跡設計）

內頁設計──花樂樂

主　　　編──汪婷婷

責任編輯──施穎芳

責任企劃──汪婷婷

總　編　輯──周湘琦

董　事　長──趙政岷

出　版　者──時報文化出版企業股份有限公司

　　　　　　　10803 台北市和平西路三段二四〇號二樓

　　　　　　　發行專線（02）2306-6842

　　　　　　　讀者服務專線 0800-231-705、（02）2304-7103

　　　　　　　讀者服務傳真　（02）2304-6858

　　　　　　　郵撥 1934-4724 時報文化出版公司

　　　　　　　信箱　台北郵政 79 ～ 99 信箱

時報悅讀網──　http://www.readingtimes.com.tw

電子郵件信箱──　books@readingtimes.com.tw

時報出版風格線臉書──　https://www.facebook.com/bookstyle2014

法律顧問──理律法律事務所陳長文律師、李念祖律師

印　　　刷──盈昌印刷有限公司

初版一刷──2019 年 7 月 12 日

定　　　價──新台幣 360 元

做事先得學做人！職場生存必備學 / 織田紀香著 . -- 初版 . -- 臺北市：時報文化 , 2019.07
　　面；　公分 . -- (玩藝；VIS0084)
ISBN 978-957-13-7853-4(平裝)

1. 職場成功法 2. 人際關係

494.35　　　　　　　　　　　　　　　　108009915